大气污染控制工程实验指导书

金 磊 刘 静 郭惠斌 主编

U0279905

中国纺织出版社有限公司

内 容 提 要

本书结合厦门理工学院《大气污染控制工程实验》课程教学改革经验，根据学生能力养成规律，以学生综合应用能力培养为目标，形成基础性—设计性—综合性—探索性的递进式实验课程内容，可用于指导环境工程专业、环境生态工程、大气工程专业等相关专业的课堂实验教学，其中的综合性实验和探索性实验可适用于上述专业创新综合实验项目的开展。

图书在版编目（CIP）数据

大气污染控制工程实验指导书 / 金磊，刘静，郭惠斌主编 . -- 北京：中国纺织出版社有限公司，2021.12
ISBN 978-7-5180-9219-2

Ⅰ.①大… Ⅱ.①金… ②刘… ③郭… Ⅲ.①空气污染控制－实验－教材 Ⅳ.① X510.6-33

中国版本图书馆 CIP 数据核字（2021）第 264394 号

责任编辑：王 慧　　责任校对：高 涵　　责任印制：王艳丽

中国纺织出版社有限公司出版发行
地址：北京市朝阳区百子湾东里 A407 号楼　邮政编码：100124
销售电话：010—67004422　传真：010—87155801
http://www.c-textilep.com
中国纺织出版社天猫旗舰店
官方微博 http://weibo.com/2119887771
天津千鹤文化传播有限公司印刷　各地新华书店经销
2021 年 12 月第 1 版第 1 次印刷
开本：787×1092　1/16　印张：11
字数：230 千字　定价：68.00 元

前　言

　　《大气污染控制工程实验指导书》是一本实用性教材。本书从基础性实验、设计性实验、综合性实验、探索性实验、大气污染控制工程实验常用仪器及使用方法和大气污染控制实验安全要求六个部分出发，介绍了现代新型仪器、装置和测量方法等内容，包括基本知识、基本操作、基本技术、性能测试实验、大气气态污染物试验等。实验案例中可能不是读者熟悉的实验方案，但都可以从中找出类似的例子进行参考，进而开展符合读者需要的实验。

　　本书以实际操作为目的，从普及简单实验的知识点入手，全面地介绍了大气污染控制实验中的实验方法。本书希望可以达到手把手教学、面对面讲解的效果，以基础实验为重点，辅助以案例教学。在学习过程中，每一类别的实验都有详细的案例讲解，结合实际案例，既可以提高读者的理解力，也可以提高读者对大气实验开展的积极性。

　　大气污染控制工程实验可为学生熟悉大气污染物分析、大气科学资料的获取方法，以及大气科学的发展提供必要的帮助，加强理论和实践的结合，加深学生对大气科学理论的进一步理解，并发现一些目前大气科学尚待解决的问题，可为读者胜任本职工作打下基础，也可为科研找出方向或为科研实验提供参考。

　　（1）丰富实验的种类。分别从大气实验的不同深度进行分类，为不同层次的教学提供了参考，适用人群范围广。

　　（2）完善实验的内容。特别引入了探索性实验，既能让读者了解大气实验的设计，也能发挥自己的优势，设计出适合实验的方案。

　　（3）加强理论和实践的结合。实验设计从实际应用出发，给出了具体的实验方案，进而可以模拟出符合读者需要的实验方案。

　　（4）扩大了环保领域的应用。实验教材从大气污染实验出发，但不局限于大气实验，还可应用于基础化学实验等，扩大了实验的应用范围。

　　笔者认为，只要读者是化学实验工作者，通过这本书都可以对大气污染控制实验有更深刻的认知，也能够从中找到一些适合自己的实验方法或者从中得到启发。

编者

2021 年 12 月

目 录

第一篇
基础性实验

实验一　大气中 TSP、PM₁₀ 和 PM₂.₅ 的监测

一、实验目的

（1）了解中流量大气采样器和四通道采样器的基本原理，掌握使用方法。
（2）学习质量法在大气环境监测中的应用。
（3）重点掌握滤膜的称量、采样器参数的设定与读取。
（4）大气中 TSP、PM₁₀ 和 PM₂.₅ 浓度的手动检测方法。

二、实验原理

可吸入颗粒物（PM₁₀）：通常把粒径在 10 μm 以下的颗粒物称为可吸入颗粒物。可吸入颗粒物（PM₁₀）在环境空气中持续的时间很长，对人体健康和大气能见度影响都很大。

细颗粒物（PM₂.₅）：细颗粒物又称细粒、细颗粒、PM₂.₅。细颗粒物指环境空气中空气动力学当量直径小于等于 2.5 μm 的颗粒物。它能较长时间悬浮于空气中，其在空气中含量浓度越高，就代表空气污染越严重。虽然 PM₂.₅ 只是地球大气成分中含量很少的组成部分，但它对空气质量和能见度等有重要的影响。与较粗的大气颗粒物相比，PM₂.₅ 粒径小，面积大，活性强，易附带有毒、有害物质（如重金属、微生物等），且在大气中的停留时间长、输送距离远，因而对人体健康和大气环境质量的影响更大。

总悬浮颗粒物（TSP）：TSP（总悬浮颗粒物）是指漂浮在空气中的固态和液态颗粒物的总称，其粒径范围为 0.1 ~ 100 μm。有些颗粒物因粒径大或颜色黑可以为肉眼所见，比如烟尘。有些则小到使用电子显微镜才可观察到。

可吸入颗粒物的浓度以每立方米空气中可吸入颗粒物的毫克数表示。国家环保总局 1996 年颁布修订的《环境空气质量标准》（GB 3095—1996）中将飘尘改称为可吸入颗粒物，作为正式大气环境质量标准。颗粒物的直径越小，进入呼吸道的部位越深。10 μm 直径的颗粒物通常沉积在上呼吸道，5 μm 直径的可进入呼吸道的深部，2 μm 以下的可 100% 深入细支气管和肺泡。一些颗粒物来自污染源的直接排放，如烟囱与车辆。另一些则是由环境空气中硫的氧化物、氮氧化物、挥发性有机化合物及其他化合物互相作用形成的细小颗粒物，它们的化学和物理组成依地点、气候、一年中的季节不同而变化很大。可吸入颗粒物通常来自在未铺沥青或水泥的路面上行驶的机动车、材料的破碎碾磨处理过程以及被风扬起的尘土。可吸入颗粒物被人吸入后，会累积在呼吸系统中，引发多种疾病。对粗颗粒物的吸入可侵害呼吸系统，诱发哮喘病。细颗粒物可能引发心脏病、肺病、呼吸道疾病，降低肺功能等。因此，对老人、儿童和已患心肺病者等敏感人群，风险是较大的。另外，环境空气中的颗粒物还是降低能见度的主要原因，并会损坏建筑物表面。颗粒物还会沉积在绿色植物叶面，干扰植物吸收阳光和二氧化碳以及放出氧气和水分的过程，

从而影响植物生长。采样原理：采样头通过冲击式切割器实现不同粒径颗粒物的选择性分离，小于 2.5 μm、10 μm 的颗粒随气流绕过碰撞器而在下游捕集在滤膜上。

　　测定 PM_{10} 和 $PM_{2.5}$ 的方法是基于重力原理制定的，本实验使用的是国内外广泛采用的滤膜捕集 - 重量法。原理为选用一定切割特性的采样器，以恒速抽取一定体积的空气通过已经恒重的滤膜，使环境空气中 TSP 和 $PM_{2.5}$ 被阻留在滤膜上，根据采样前后的滤膜重量之差及采样体积，即可以算出 TSP 和 $PM_{2.5}$ 浓度。滤膜经处理后，还可以进行组分分析（图 1-1）。

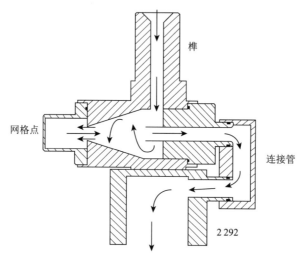

图 1-1　大气颗粒物采样器切割头示意图

三、实验仪器

（1）$PM_{2.5}$——四通道采样器（图 1-2）。

图 1-2　四通道采样器

（2）TSP——中流量采样器（图1-3）。

图1-3　中流量采样器

（3）8 cm滤膜：提前一天恒温称重好放入烘箱；四张小膜供PM$_{2.5}$用，一张大膜供TSP用。

（4）分析天平：感量0.1 mg或0.01 mg。

（5）恒温恒湿箱。

（6）镊子、手套等。

四、实验步骤

（一）准备工作

（1）选择采样地点，安装两台仪器，调节采样器入口距地面高度为1.5 m，并确保仪器能正常通电及工作。

（2）提前一天用洁净镊子将滤膜夹入事先准备好的透明袋中，放入恒温恒湿箱中进行24 h恒重处理。

采样前准备工作流程如下。

选择采样地点—烘膜—称膜（5次取平均值）—区分膜面（粗糙面朝空气入口处）—架子（固定采样器于1.5 m处）—采样器切割头清晰（保证干净）—特别情况预案（如采样器防水措施）。

（二）采样过程

（1）经过24 h的恒重处理，称量滤膜（注意环境污染），分别平行称量5次取平均值记录；然后将已称重的滤膜用镊子放入洁净采样夹内的滤网上，滤膜毛面应朝进气方向。将滤膜压至不漏气。设置好仪器相关参数：24 h采样，流量10 L/min。

（2）采样过程中不定时对采样仪器进行 4 ～ 5 次检查；避免阳光直射，将其放在稳固的地方，或将其放在三角支架上；将采样过滤器安装在 TSP 采样头上，正确组装采样头并用采样器拧紧；确认电源为 220 V AC 后，打开电源开关或直接开始使用内置锂电池，并检查采样器是否有错误信息；选择菜单后，按左按钮滚动菜单，按右按钮执行所选菜单功能，按取消按钮返回上一级菜单；更改参数后，按键使用循环移位功能，可以选择要更改的位，按键移动到 0 ～ 9 的所选位，按键确认更改的数字调整操作后，按下按钮，原始数据保持不变（图 1-4）。

图 1-4　采样过程示意图

（三）称量

（1）经过 24 h 的采样过程，配戴实验手套用洁净镊子将滤膜从仪器切割器上夹入透明带中（此时应对折滤膜，避免样品损失）。

（2）将收集好的样品滤膜立即放入恒温恒湿箱恒重 24 h 后，平行称量 5 次，最终取平均值记录。

（3）一般使用电子天平称量物体质量（图 1-5）。电子天平一般采用应变式传感器、电容式传感器、电磁平衡式传感器。应变式传感器结构简单、造价低，但精度有限。电子天平的使用方法包括以下步骤。

①检查并调整天平至水平位置。

②事先检查电源电压是否匹配（必要时配置稳压器），按仪器要求通电预热至所需时间。

③预热完成后打开天平开关，天平则自动进行灵敏度及零点调节。待稳定标志显示后，就可进行正式称量了。

④称量时将洁净称量瓶或称量纸置于称盘上，关上侧门，轻按一下去皮键，天平将自动校对零点，然后逐渐加入待称物质，直到达到所需重量为止。

⑤被称物质的重量是显示屏左下角出现"→"标志时，显示屏所显示的实际数值。

⑥称量结束应及时除去称量瓶（纸），关上侧门，切断电源，并做好使用情况登记。

图 1-5　电子天平示意图

（四）实验数据计算

（1）利用公式计算 $PM_{2.5}$ 的含量，以 $\mu g/m^3$ 计：

$$浓度含量 = \frac{(W_1 - W_0) \times 10^9}{Q \times t} \tag{1-1}$$

式中：W_1——采样后滤膜量，g；

　　　W_0——采样前空白滤膜重量，g；

　　　Q——采样仪器平均采样流量，L/min；

　　　t——采样时间。

（2）利用公式计算 PM_{10} 的含量，以 $\mu g/m^3$ 计：

$$浓度含量 = \frac{(W_1 - W_0) \times 10^9}{Q \times t} \tag{1-2}$$

式中：W_1——采样后滤膜重量，g；

　　　W_0——采样前空白滤膜重量，g；

　　　Q——采样仪器平均采样流量，L/min；

　　　t——采样时间。

（3）利用公式计算 TSP 的含量，以 μg/m³ 计：

$$浓度含量 = \frac{(W_1 - W_0) \times 10^9}{Q \times t} \tag{1-3}$$

式中：W_1——采样后滤膜重量，g；

　　　W_0——采样前空白滤膜重量，g；

　　　Q——采样仪器平均采样流量，L/min；

　　　t——采样时间。

　　所需记录数据：采样前膜的质量，g；采样后膜的质量，g；采样时间需根据采样流量以及天气条件来定，建议不小于 24 h。

五、数据分析

（一）PM$_{2.5}$

大气中 PM$_{2.5}$ 采样数据如表 1-1 所示。

表1-1　大气中 PM$_{2.5}$ 采样数据

通　道	CH1	CH2	CH3	CH4
流量 /（L/min）				
采样前重量 W_0/g				
采样后重量 W_1/g				
差值（$W_1 - W_0$）/g				
24 h 大气中 PM$_{2.5}$ 浓度含量				
与环境监测站当天所测 PM$_{2.5}$ 进行对比				
偏差				
原因说明				

（二）TSP 分析

大气中 TSP 采样数据如表 1-2 所示。

表1-2　大气中 TSP 采样数据

通　道	CH1	CH2	CH3	CH4
瞬时流量 /（L/min）				
采样前重量 W_0/g				
采样后重量 W_1/g				
差值（W_1-W_0）/g				
24 h 大气中 TSP 浓度含量				
与环境监测站当天所测 TSP 进行对比				
偏差				
原因说明				

（三）PM$_{10}$ 分析

大气中 PM$_{10}$ 采样数据如表 1-3 所示。

表1-3　大气中 PM$_{10}$ 采样数据

通　道	CH1	CH2	CH3	CH4
瞬时流量 /（L/min）				
采样前重量 W_0/g				
采样后重量 W_1/g				
差值（W_1-W_0）/g				
24 h 大气中 PM$_{10}$ 浓度含量				
与环境监测站当天所测 PM$_{10}$ 进行对比				
偏差				
原因说明				

六、大气中 TSP、PM$_{10}$ 和 PM$_{2.5}$ 的相关性分析

大气中 TSP、PM$_{10}$ 和 PM$_{2.5}$ 的相关性分析的内容及指标如表 1-4、表 1-5 所示。

表1-4 相关性分析的内容

相关性分析	
双变量相关分析	检验是否符合正态分布
偏相关分析	不需要检验
距离分析	不需要检验

表1-5 相关性分析的指标

X/Y	度量（S）	序号（O）	名义（N）
度量（S）	Pearson 相关系数	Spearman 相关系数	
序号（O）	Spearman 相关系数	Spearman 相关系数	
名义（N）		卡方值	Pearson 卡方值

（一）双变量相关分析（Pearson/Spearman）

（1）判断所使用的相关系数，检验是否满足 Pearson 相关系数的前提要求。
分析—分参数检验—单样本检验，如图 1-6 所示。

图 1-6 单样本检验

单样本检验的结果显示不服从正态分布，可以用 Pearson 相关系数检验变量之间的线性相关程度，或者通过分析—相关—双变量，如图 1-7 所示。

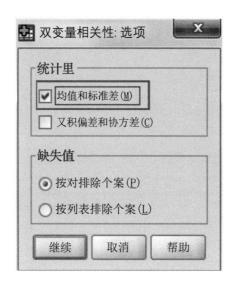

图1-7　Pearson 相关系数检验

（2）计算样本的相关系数 r。

按变量类型选择对应的相关系数种类。一般认为，当相关系数的绝对值大于 0.8 时，两变量间的线性关系较强；当相关系数的绝对值小于 0.3 时，两变量间的线性关系较弱。

（3）对两个样本的总体是否存在显著的线性关系进行判断，以此来证明相关系数的大小是否显著。

（二）偏相关分析

（1）先对各变量进行两两相关分析，计算变量之间的皮尔逊积差相关系数。

（2）进行偏相关性分析，计算在控制其他变量的影响时，两个变量之间的相关程度。

需采集和计算的数据如表 1-6 ～表 1-8 所示。

表1-6　大气中 $PM_{2.5}$、TSP、PM_{10} 采样数据

$PM_{2.5}$	TSP	PM_{10}

表1-7　大气中 $PM_{2.5}$、TSP、PM_{10} 采样数据（Pearson 相关系数）

颗粒物	$PM_{2.5}$	TSP	PM_{10}
$PM_{2.5}$	1		

颗粒物	PM$_{2.5}$	TSP	PM$_{10}$
TSP		1	
PM$_{10}$			1

表1-8　大气中PM$_{2.5}$、TSP、PM$_{10}$采样数据（Spearman 相关系数）

颗粒物	PM$_{2.5}$	TSP	PM$_{10}$
PM$_{2.5}$	1		
TSP		1	
PM$_{10}$			1

思考：Pearson 和 Spearman 分别用在什么条件下？

建议，可通过 SPSS 进行分析，分析需提供以下数据（表 1-9）。

表1-9　相关性结果

指标	PM$_{2.5}$	TSP	PM$_{10}$
相关性			
显著性（双侧）			
df			

七、采样地点选择要求

（一）一般原则

采样点位应根据监测任务的目的、要求布设，必要时可在进行现场踏勘后确定；所选点位应具有代表性，监测数据能客观反映一定空间范围内空气质量水平或空气中所测污染物浓度水平。

（二）监测点位布设技术要求

（1）监测点应地处相对安全、交通便利、电源和防火措施有保障的地方。

（2）如果采样口一侧靠近建筑，采样口周围水平面应有 180° 以上的自由空间。

（3）从采样口到附近最高障碍物之间的水平距离，应为该障碍物与采样口高度差的两倍以上，或从采样口到建筑物顶部与地平线的夹角小于 30°。

（4）采样口距地面高度在 1.5 ～ 15 m，距支撑物表面 1 m 以上。有特殊监测要求时，应根据监测目的进行调整。

（三）采样口位置应符合下列要求

（1）对于手工间断采样，其采样口离地面的高度应在 1.5 ～ 15 m。

（2）对于自动监测采样，其采样口或监测光束离地面的高度应在 3 ～ 15 m。

（3）针对道路交通的污染监控点，其采样口离地面的高度应在 2 ～ 5 m。

（4）在保证监测点具有空间代表性的前提下，若所选点位周围半径为 300 ～ 500 m、建筑物平均高度在 20 m 以上，无法按（1）、（2）条的高度要求设置时，其采样口高度可以在 15 ～ 25 m 内选取。

（5）在建筑物上安装监测仪器时，监测仪器的采样口离建筑物墙壁、屋顶等支撑物表面的距离应大于 1 m。

（6）使用开放光程监测仪器进行空气质量监测时，在监测光束能完全通过的情况下，允许监测光束从日平均机动车流量少于 10 000 辆的道路上空、对监测结果影响不大的小污染源和少量未达到间隔距离要求的树木或建筑物上空穿过，穿过的合计距离，不能超过监测光束总光程长度的 10%。

（7）当某监测点需设置多个采样口时，为防止其他采样口干扰颗粒物样品的采集，颗粒物采样口与其他采样口之间的直线距离应大于 1 m。若使用大流量总悬浮颗粒物（TSP）采样装置并行监测，其他采样口与颗粒物采样口的直线距离应大于 2 m。

（8）对于空气质量评价点，应避免车辆尾气或其他污染源直接对监测结果产生干扰，点式仪器采样口与道路之间最小间隔距离应按表 1-10 的要求确定。

表1-10 点式仪器采样口与交通道路之间最小间隔距离

道路日平均机动车流量（日平均车辆数）	采样口与交通道路边缘之间最小距离 /m	
	PM_{10}	SO_2、NO_2、CO 和 O_3
≤ 3 000	25	10
3 000 ～ 6 000	30	20
6 000 ～ 15 000	45	30
15 000 ～ 40 000	80	60
> 40 000	150	100

（9）污染监控点的具体设置原则根据监测目的由地方环境保护行政主管部门确定。针对道路交通的污染监控点，采样口距道路边缘距离不得超过 20 m。

（10）开放光程监测仪器的监测光程长度的测绘误差应在 ±3 m 内（当监测光程长度小于 200 m 时，光程长度的测绘误差应小于实际光程的 ±1.5%）。

（11）开放光程监测仪器发射端到接收端之间的监测光束仰角不应超过 15°。

八、采样时间和频率

（一）小时浓度间断采样频率

获取环境空气污染物小时平均浓度时，如果污染物浓度过高，或者使用直接采样法采集瞬时样品，应在 1 h 内等时间间隔采集 3 ~ 4 个样品。

（二）被动采样时间及频率

（1）污染物被动采样时间及采样频率应根据监测点位周围环境空气中污染物的浓度水平、分析方法的检出限及监测目的确定。监测结果可代表一段时间内待测环境空气中污染物的时间加权平均浓度或浓度变化趋势。

（2）硫酸盐化速率及氟化物（长期）采样时间为 7 ~ 30 d；但要获得月平均浓度，样品的采样时间应不少于 15 d。降尘采样时间为 30 ± 2 d。

九、样品采集、运输和保存

（一）采样

到达采样现场，观测并记录气象参数和天气状况。

正确连接采样系统，做好样品标识。注意吸收管（瓶）的进气方向不要接反，防止倒吸。采样过程中如有避光、温度控制等要求的项目应按照相关监测方法标准的要求执行。

设置采样时间，调节流量至规定值，采集样品；采样过程中，采样人员应观察采样流量的波动和吸收液的变化，出现异常时要及时停止采样，查找原因。

（二）样品运输和保存

样品采集完成后，应将样品密封放入样品箱，样品箱再次密封后尽快送至实验室分析，并做好样品交接记录。

应防止样品在运输过程中受到撞击或剧烈振动而损坏。

样品运输及保存中应避免阳光直射。需要低温保存的样品在运输过程中应采取相应的措施，防止样品变质。

样品到达实验室应及时交接，尽快分析。如不能及时测定，应按各项目的监测要求妥善保存，并在样品有效期内完成分析。

十、所需材料整理

采样所需材料如表 1-11 所示。

表1-11　实验所需材料名称及尺寸参照表

名　称	尺寸或其他参数
玻璃纤维膜 / 特氟龙膜等	80/90 或其他
采样器	$PM_{2.5}/PM_{10}/TSP$
电子天平	精度：0.000 1
铁架台	参数：1.5 m
酒精	擦拭
30 m 以上电线	适应环境需要
镊子	夹取膜
烘箱	处理膜
铝箔纸	保护膜
冰箱	存储
压力计	测压
温度仪	测温
风速仪 / 风向仪	测风速
不锈钢剪刀	处理膜
膜盒	储存膜
泵	提供抽力
蓄电池	备用
洗耳球	处理切割头

注：不仅限于以上材料。

十一、创新思考

（1）导致实测数据不准的主要原因有哪些？

（2）大气颗粒物的去除方法有哪些，并描述。

实验二　汽车尾气 NO$_x$ 检测实验

一、实验目的

通过检测判定汽车发动机燃烧是否达到正常状态，从而降低油耗和排放。同时学会使用尾气分析仪在汽油车怠速和高怠速的情况下对其所排尾气中的一氧化碳和碳氢化合物浓度（体积分数）进行测量的测量方法。

二、实验原理

汽油车怠速检测的主要内容是尾气中 CO 和 HC 的体积分数，一般采用汽油车尾气四气（或五气）分析仪。对 CO 和 HC 的体积分数检测均为不分光红外法，其基本原理是根据物质分子吸收红外辐射的物理特性，利用红外线分析测量技术确定物质的浓度。光学平台的示意图如图 1-8 所示。

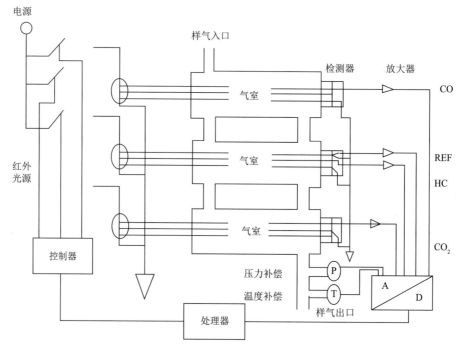

图 1-8　光学平台的示意图

三、实验仪器和设备

（1）汽油车尾气四气（或五气）分析仪，1台。

（2）受检车辆或发动机，不同型号若干台。

（3）其他，必要时在发动机上安装转速针、点火正时仪、冷却水和润滑油测温计等测试仪器。

四、实验方法和步骤

（一）怠速检测

（1）发动机由怠速工况加速至 0.7 额定转速，维持 60 s 后降至怠速状态。

（2）发动机降至怠速状态后，将取样探头插入排气管中，深度 400 mm，并固定于排气管上。

（3）发动机在怠速状态维持 15 s 后开始读数，读取 30 s 内最高值和最低值，其平均值即测量结果。

（4）若为多排气管时，取各排气管结果的算术平均值。

（二）高怠速检测

（1）发动机由怠速工况加速至 0.7 额定转速，维持 60 s 后降至高怠速（即 0.5 额定转速）。

（2）发动机降至高怠速状态后，将取样探头插入排气管中，深度 400 mm，并固定于排气管上。

（3）发动机在高怠速状态维持 15 s 后开始读数，读取 30 s 内最高值和最低值，其平均值即高怠速排放测量结果。

（4）发动机从高怠速状态降至怠速状态，在怠速状态维持 15 s 后开始读数，读取 30 s 内最高值和最低值，其平均值即测量结果。

（5）若为多排气管时，分别取各排气管高怠速排放测量结果的平均值和怠速排放量结果的平均值。

五、实验数据记录与计算

实验数据记录如下。

尾气分析仪型号：＿＿＿＿＿＿＿＿＿＿＿＿＿＿＿＿＿＿＿＿＿＿＿＿＿＿

转速仪型号：＿＿＿＿＿＿＿＿＿＿点火正时仪型号：＿＿＿＿＿＿＿＿＿＿＿＿

大气压力：＿＿＿＿＿＿＿＿＿＿大气温度：＿＿＿＿＿＿＿＿＿＿＿＿＿

实验地点：＿＿＿＿＿＿＿＿实验人员：＿＿＿＿＿＿＿实验日期：＿＿＿＿＿＿＿＿＿＿

汽油车怠速污染物测量数据如表1-12所示。

表1-12 汽油车怠速污染物测量记录

序号	车(机)型	车(机)号	转速/(r·min⁻¹)	点火提前角/(°)	CO 体积分数 /%			HC 体积分数 /10⁻⁶		
					最高值 V_1	最低值 V_2	平均值 $(V_1+V_2)/2$	最高值 V_1	最低值 V_2	平均值 $(V_1+V_2)/2$

六、实验结果讨论

（1）根据本实验的结果，各监测车辆（或发动机）是否能够达标？

（2）双怠法为何不能反映实际运行工况下的机动车尾气排放量？能够替代它的用车排放检测方法是什么？

实验三　工业尾气硫氧化物检测实验

一、实验目的

（1）了解硫氧化物检测实验的实验背景与意义。

（2）学习盐酸副玫瑰苯胺法测定 SO_2 浓度的原理。

（3）重点掌握四氯汞钾、盐酸副玫瑰苯胺溶液的配置方法。

（4）学习如何使用多孔玻板吸收管进行采样。

（5）掌握通过测定得到吸光度、手动计算 SO_2 浓度的方法。

二、实验背景与意义

硫氧化物是我国大气污染物中主要的污染物之一，主要来源于工业中的金属冶炼和含硫化石燃料的大量燃烧。硫氧化物会对铁、锰等金属元素起到催化氧化的作用，形成酸性烟雾，严重时会引起酸雨，造成大气污染。硫氧化物是无色、有刺激性气味的气体，它们会对人体的健康、植被生态和能见度等造成非常严重的直接影响与间接影响。对人体的危害主要在于刺激呼吸神经系统，导致呼吸不畅、支气管炎等呼吸道疾病；对植物则会造成永久性的结构损伤，破坏其氧化还原系统。因此，应长期定时对污染源附近的环境进行硫氧化物的浓度监测，通过数据对空气质量进行评估，从而确定硫氧化物排放是否超标，及时对环境状况作出反应，这是环境监测中一项重要的工作。

SO$_x$是大气环境中几种常规硫氧化物的总称，主要包含二氧化硫（SO$_2$）、三氧化硫（SO$_3$）、硫酸酐、三氧化二硫（S$_2$O$_3$）、一氧化硫（SO）以及两种过氧化物：七氧化二硫（S$_2$O$_7$）和四氧化硫（SO$_4$）。

本实验选择附近工业区作为采样点采集工业尾气进行硫氧化物检测实验。进行本实验，有助于良好掌握以盐酸副玫瑰苯胺法测定大气环境中的 SO$_2$ 浓度的方法，学会环境检测中质量控制和保证的概念。

三、环境空气中 SO$_2$ 浓度的测定——盐酸副玫瑰苯胺法

（一）实验原理

目前，环境空气中二氧化硫的测定方法主要有四氯汞钾溶液吸收－盐酸副玫瑰苯胺分光光度法（简称四氯汞钾法）、甲醛缓冲溶液吸收－副玫瑰苯胺分光光度法（简称甲醛法）及定电位电解法，甲醛法与四氯汞钾法的精密度、准确度、选择性和检出限相近，避免了使用毒性大的含汞吸收液，但在实际测定过程中会发现按照标准方法配制试剂，试剂的空白值及灵敏度会偏低。而盐酸副玫瑰苯胺法作为国际上普遍采用的标准方法，与其他方法相比，具有高灵敏度的优点。

盐酸副玫瑰苯胺法有两种操作方式：方法一采用含少量磷酸的盐酸副玫瑰苯胺溶液，最后溶液的 pH 为 1.6 ± 0.1，该方法灵敏度较高但试剂空白值高，溶液呈红紫色，最大吸收峰在 548 nm 处；方法二所用的盐酸副玫瑰苯胺使用液含磷酸量较多，最后溶液的 pH 为 1.2 ± 0.1，该法灵敏度较低但试剂空白值低，溶液呈蓝紫色，最大吸收峰在 575 nm 处。

二氧化硫被四氯汞钾溶液吸收形成稳定的络合物，再与甲醛及副玫瑰苯胺作用，生成紫色玫瑰化合物。在波长 548 nm 或 575 nm 处测定，根据颜色深浅比色定量。

（二）实验仪器和试剂

1. 仪器

（1）多孔玻板吸收管，10 个，用于短时间采样，10 mL；或多孔板吸收瓶，10 个，用于 24 h 采样，75 ～ 125 mL。

（2）空气采样器：1 台，流量 0 ～ 1 L/min。

（3）分光光度计：1 台。

（4）具塞比色管：10 mL，10 只。

（5）容量瓶：25 mL，10 个。

（6）移液管：若干，各种。

2. 试剂

（1）四氯汞钾（TCM）吸收液（0.04 mol/L）：称取 10.9 g 的 HgCl$_2$、6.0 g 的 KCl 和 0.070 g 的 Na$_2$EDTA，溶解于水，稀释至 1 000 mL，在密闭容器中贮存，可稳定 6 个月，

如发现有沉淀，不可再用。

（2）甲醛溶液（2.0 g/L）：每天新配。

（3）氨基磺酸胺溶液（6.0 g/L）：每天新配，称取 0.6 g 氨基磺酸胺溶于水中，并稀释到 100 mL。

（4）盐酸副玫瑰苯胺（PRA）贮备液（2 g/L）：称取 0.20 g 经提纯的对品红，溶解于 100 mL 浓度为 1.0 mol/L 的盐酸溶液中。

（5）对品红使用液（0.016%）：吸取 2 g/L 对品红贮备液 20.00 mL 于 250 mL 容量瓶中，加 3 mol/L 磷酸溶液 25 mL，用水稀释至标线，至少放置 24 h 方可使用，存于暗处，可稳定 9 个月。

（6）碘贮备液（0.10 mol/L）：称取 12.7 g 碘（I_2）置于烧杯中，加入 40 g 碘化钾（KI）和 25 mL 水，并搅拌至全部溶解后，再用水稀释至 1 000 mL，储于棕色试剂瓶中保存。

（7）碘溶液（0.010 mol/L）：量取 50 mL 0.10 mol/L 碘储备液，用水稀释至 500 mL，储于棕色试剂瓶中保存。

（8）淀粉指示剂（3 g/L）：称取 3 g 可溶性淀粉（可加入微量二氧化锌防腐），用少量水调成糊状物，倒入 1 000 mL 沸水中，继续煮沸直至溶液澄清。冷却后储存于试剂瓶中。

（9）碘酸钾标准溶液（3.0 g/L）：用优级纯 KIO_3 于 110℃烘干 2 h 后配置。

（10）盐酸溶液（1.2 mol/L）。

（11）硫代硫酸钠储备液（0.1 mol/L）：称取 25 g 硫代硫酸钠置于 1 L 新煮沸但已冷却的水中，加入 0.2 g 无水硫酸钠，储于棕色试剂瓶中，放置一周后标定其浓度，若溶液呈现浑浊时，应该过滤。

（12）硫代硫酸钠溶液（0.1 mol/L）：用碘量法标定其准确浓度。

（13）硫代硫酸钠标准溶液（0.01 mol/L）。

（14）亚硫酸钠标准溶液：称取 0.200 g 的 Na_2SO_3 及 Na_2EDTA，溶解于 200 mL 新煮沸并已冷却的水中，轻轻摇匀（避免振荡，以防充氧），放置 2～3 h 后标定，1 mL 此溶液。

（15）磷酸溶液（3 mol/L）。

（三）实验步骤

（1）配置四氯汞钾溶液，将四氯汞钾溶液缓缓注入多孔玻璃板吸收管粗管中，选择采样地点，使用多孔玻璃板吸收管采样，将样品带回实验室。

（2）使用氨基磺酸氨溶液和对品红溶液对样品溶液进行处理，以水做参比，测定吸光度，记录实验结果并绘制标准曲线，最后通过公式计算得出空气中硫氧化物的浓度。

（四）采样过程与测定

1.采样过程

（1）短时间采样：20 min～1 h，采用多孔玻板吸收管，在气泡吸收管的粗管内装

10 mL（方法一）或 5 mL（方法二）四氯汞钾吸收液，气体从细管端进入，流量为 0.5 L/min。如采用方法二，一般避光采样 10 ～ 20 L。

（2）长时间采样：24 h，采用 125 mL 多孔玻板吸收瓶，在气泡吸收管的粗管内装 50 mL 四氯汞钾吸收液，气体从细管端进入，采样流量为 0.2 ～ 0.3 L/min。

2. 测定

（1）标准曲线的绘制：配制 0.10% 亚硫酸钠水溶液，用碘量法标定其浓度（碘量法操作流程见下方），用四氯汞钾溶液稀释，配成 2.0 μg/mL 的 SO_2 标准溶液，用于绘制标准曲线。方法一、方法二的标准曲线浓度范围分别为以 25 mL 计为 1 ～ 20 μg；以 7.5 mL 计为 1.2 ～ 5.4 μg。斜率分别为 0.030 ± 0.002 及 0.077 ± 0.005。试剂空白值，方法一不应大于 0.0170 吸光度，方法二不应大于 0.050 吸光度。

（2）样品的测定。方法一：采样后将样品放置 20 min。取 10.00 mL 样品移入 25 mL 容量瓶中，加入 1.00 mL 0.6% 氨基磺酸铵溶液，放置 10 min。再加 2.00 mL 0.2% 甲醛溶液及 5.00 mL 0.016% 对品红溶液，用水稀释至标线。于 20℃ 显色 30 min，生成紫红色化合物，用 1 cm 比色皿，在波长 548 nm 处，以水为参比，测定吸光度。

方法二：采样后将药品放置 20 min。取 5 mL 样品移入 10 mL 比色管中，加入 0.50 mL 0.6% 氨基磺酸胺溶液，放置 10 min 后，再加 0.50 mL 0.2% 甲醛溶液及 1.50 mL 0.016% 对品红使用液，摇匀。于 20℃ 显色 20 min，生成蓝紫色化合物，用 1 cm 比色皿，于波长 575 nm 处，以水作参比，测定吸光度。

SO_2 浓度测定记录表如表 1-13 所示。

表1-13 SO_2浓度测定记录表

测定次数	采样流量 / (L·min⁻¹)	采样时间 / min	采样体积 V_n/L	样品吸光度	空白液吸光度	SO_2 浓度 ρ / (mg·m³)⁻¹

（五）实验结果计算

气体中 SO_2 浓度由下式计算：

$$\rho = \frac{(A - A_0)B_s}{V_n} \tag{1-4}$$

式中：ρ——SO_2 浓度，mg/m³；

A——样品显色液吸光度；

A_0——试剂空白液吸光度；

B_s——计算因子，$\mu\text{g}/$ 吸光度；

V_n——换算成标准状态下的采样体积，L。

（六）实验所用方法小结

1. 碘量法测定亚硫酸钠

碘量法是一种氧化还原滴定法，分为直接碘量法和间接碘量法，其中间接碘量法又分为剩余碘量法和置换碘量法。以碘作为氧化剂，或以碘化物（如碘化钾）作为还原剂进行滴定的方法，用于测定物质含量。碘量法可用于测定水中游离氯、溶解氧、气体中硫化氢、葡萄糖等物质的含量。因此，碘量法是环境、食品、医药、冶金、化工等领域最为常用的监测方法之一。

其原理为在酸性溶液中亚硫酸盐与碘进行氧化‒还原反应，过量的碘以硫代硫酸钠标准溶液滴定。其反应式为

$$NA_2O_3 + I_2 + H_2O \longrightarrow NA_2SO_4 + 2HI$$

$$NA_2S_2O_3 + I_2 \longrightarrow NA_2S_4O_4 + 2NaI$$

方法一：

用移液管吸取 0.05 mol/L 碘溶液注入 5 mL 碘量瓶中，注入经过定性中速滤纸过滤的样品 10 mL（必须能显出碘溶液的颜色，如果样品中亚硫酸盐含量较高，可适当减少取样量），加入盐酸溶液（1+4）5 mL，摇匀，于暗处静置 5 min。用 0.05 mol/L 硫代硫酸钠标准溶液滴定过量的碘，滴定至溶液呈淡黄色，加 1 mL 淀粉指示剂，溶液呈蓝色，再继续滴定至蓝色褪去，记录所消耗的硫代硫酸钠标准溶液体积，计算得到亚硫酸盐的浓度。

方法二：

（1）取 4 个 250 mL 碘量瓶（A1、A2、B1、B2），分别加入 50.00 mL 0.01 mol/L 碘溶液。

（2）在 A 瓶内各加入 25 mL 水，在 B 瓶内各加入 25.0 mL 亚硫酸钠标准溶液，盖好瓶塞。

（3）立即吸取 2.00 mL 亚硫酸钠标准溶液，加入已有 40～50 mL 四氯汞钾溶液的 100 mL 容量瓶中，使其生成稳定的二氯亚硫酸盐配合物。

（4）再吸取 25.00 mL 亚硫酸钠标准溶液于 B1 瓶中，盖好瓶塞，用四氯汞钾吸收液将 100 mL 容量瓶中的溶液稀释至标线。

（5）A1、A2、B1、B2 四个容量瓶在暗处放置 5 min 后，用 0.01 mol/L 硫代硫酸钠溶液滴定至淡黄色，加 5 mL 淀粉指示剂，溶液呈蓝色，继续滴定至蓝色褪去。平行滴定所用硫代硫酸钠溶液体积之差应不大于 0.05 mL，取平均值计算浓度。

100 mL 容量瓶中亚硫酸钠标准溶液浓度计算公式如下：

$$\rho_{so_2} = \frac{(V_0 - V)\,C \times 32.02 \times 1000}{25.00} \times \frac{2.00}{100} \qquad (1\text{-}5)$$

式中：ρ_{so_2}——二氧化硫的浓度，$\mu\text{g/mL}$；

V_0——滴定空白（A 瓶）消耗硫代硫酸钠标准溶液的体积平均值，mL；

V——滴定样品（B 瓶）时消耗硫代硫酸钠标准溶液的体积平均值，mL；

C——硫代硫酸钠标准溶液物质的量浓度，mol/L；

32.02——1 mmol/L 硫代硫酸钠溶液的二氧化硫（$\frac{1}{2}SO_2$）的质量，mg。

根据以上计算的二氧化硫浓度，再用四氯汞钾吸收液稀释成每毫升含 2.0 pg 二氧化硫的标准溶液，此溶液用于绘制标准曲线，可在冰箱中存放 20 d。

2. 碘量法标定硫代硫酸钠

吸取 0.10 mol/L 碘酸钾标准溶液 10.00 mL，置于 250 mL 碘量瓶中，加入新煮沸但已冷却的水和 1.0 g 碘化钾，振荡至完全溶解后，再加 1 mol/L 盐酸溶液 10 mL，立即盖好瓶塞，摇匀。在暗处放置 5 min 后，用 0.1 mol/L 硫代硫酸钠溶液滴定至淡黄色，加 5 mL 淀粉指示剂，溶液呈蓝色，再继续滴定至蓝色消失为止，平行滴定所用硫代硫酸钠溶液之差应不大于 0.05 mL。

计算硫代硫酸钠的浓度可用以下公式：

$$C=\frac{0.100\,0c \times 10.00}{V} \qquad (1-6)$$

式中：C——硫代硫酸铵溶液的量浓度，mol/L；

V——滴定时消耗硫代硫酸钠溶液的体积，mL。

（七）实验注意事项

（1）样品采集、运输和储存过程中，应避免日光直接照射。

（2）样品采集后若不能当天测定，需将样品置于冰箱中保存。

（3）温度对显色有影响，温度越高，空白值越大，温度高时发色快，褪色也快，最好使用恒温水浴控制显色温度。样品测定的温度和绘制标准曲线的温度之差不超过 ±2℃。

（4）对品红试剂必须提纯后方可使用，否则其中所含空白杂质会引起试剂空白值增高，使方法灵敏度降低。0.2% 对品红溶液现已有经提纯合格的产品出售，可以直接购买使用。

（5）四氯汞钾溶液为剧毒试剂，在常温下有一定的挥发性，在称量与配置时最好带上橡胶手套，于通风橱内操作。使用时应小心，如溅到皮肤上，应立即停止实验，使用清水或肥皂水反复冲洗皮肤。如不小心吸入挥发气体，需迅速离开现场至空气新鲜处，保持呼吸畅通，如果感到呼吸困难，思维模糊，需要立即进行人工呼吸并就医。如不小心误食，先漱口并服用牛奶或蛋清缓解毒性，随后立即送往医院。使用过的废液要集中回收处理，以免对环境造成污染。

含四氯汞钾废液的处理方法：在每升废液中加约 10 g 磷酸钠至中性，再加 10 g 锌粒，于黑布罩下搅拌 24 h 后，将上层溶液倒入玻璃缸内，滴加饱和硫化钠溶液，至不再产生沉淀为止，弃去溶液，将沉淀物转入一个适当的容器内贮存汇总处理。此法可除去废水中99%的汞。

（6）对本法有干扰的物质有氮氧化物、臭氧、锰、铁等。其中，氮氧化物和一氧化碳均会对 SO_2 的测定产生负偏差干扰作用。采样后放置 20 min 使臭氧自行分解；加入氨基磺酸胺可以消除氮氧化物的干扰；加入磷酸和乙二胺四乙酸二钠盐可以消除或降低重金属的干扰。

（八）采样地点与注意事项

为了保证采样气体的代表性，可参考以下原则。

（1）点位应具有较好的代表性，应能客观反映一定空间范围内的空气污染水平和变化规律。

（2）应考虑各监测点之间设置的条件尽可能一致，使各个监测点取得的监测资料具有可比性，平行样之间的比较可以进一步验证结果的正确性。

（3）为了精准测量气体流量，可以使用传感器和流量计辅助测量。由于仪器多次测定不同组分的废气，会遇到不同的干扰成分，时间久了会影响传感器灵敏度。定期检查传感器性能（可通过仪器检定、期间核查、测标气检验、抗干扰试验等方法），如有必要应及时更换。

（4）气态污染物的采样须避开涡流，若测试空间受限，可选择工业产区内比较适宜管段采样，但采样断面与弯头等的距离应≥烟气管道直径的 1.5 倍，并适当增加监测点和采样次数。

（5）避开对测试人员操作有危险的场所。必要时应设置采样平台，高于地面 1.1 m，工作面积大于 1.5 m³。

（6）在确定采样地点前应考虑当地的工业结构，勘察污染源位置，确定采样位置及数量。

（7）对正压下输送高温或有毒气体的管道，采用带有闸板阀的密封采样孔。

（8）对于圆形的管道，将管道分成适当数量的等面积同心环，每个同心环设置 4 个采样点，采样点须在采样孔中心线上；若断面气流流速均匀，可设置一个采样孔，采样点数目减半。

（9）对矩形或方形管道，采样孔应设在包括各测点在内的延长线上。将烟道断面分成适当数量的等面积小块，各块中心即为测点。烟道断面面积＜ 0.1 m²，流速分布比较均匀、对称并符合一般要求的，可取断面中心作为测点。

（10）烟气的湿度对硫氧化物流量的测定会造成一定影响，当测点位于处理设施水膜除尘器之后，烟道内气体的含湿量较大，往往超过 4 % 甚至更多，少数可高达 10 %。高含湿量的烟气在进入采样气路之后，由于温度下降超过露点温度，气路内部将产生冷凝水，通常表现为采样塑胶软管内部出现冷凝水并富集起来，由此会产生流量测定负偏差的作用效果。

（11）对于空气质量评价点，应避免车辆尾气或其他污染源对监测结果产生干扰。当测试现场环境中存在干扰因素（如静电或较强的电场、磁场）时，应采取有效的避免干扰措施。可使用接地或屏蔽的方法，如仪器外壳接地、烟枪接地或屏蔽等，以此来减弱或隔离静电、电场、磁场等对传感器的干扰，从而实现准确测定。

（12）采样实际流量直接影响实际采气量大小，与测定浓度为正相关关系。流量偏大则为正偏差，反之则为负偏差。

（九）思考题

（1）总结归纳对硫氧化物进行监测的意义。

（2）思考如何选取采样点以及改进采样流程。

（3）环境空气中二氧化硫的来源有哪些？

（4）硫氧化物是大气的主要污染物之一，可以从哪些方面减少硫氧化物的排放？

（5）思考消除氮氧化物、臭氧、锰、铁对实验的干扰？

（6）绘制标准曲线的作用是什么，对实验结果有什么影响？

实验四 室内甲醛含量测定

一、实验目的

（1）了解室内空气污染物的种类和危害，理解室内甲醛含量测定实验的意义。

（2）了解甲醛的物理、化学性质和采样方法。

（3）了解测定甲醛方法的优缺点。

（4）掌握酚试剂分光光度法测定甲醛污染物的方法。

（5）掌握离子色谱法以及其准确度和回收率的计算方法。

二、实验背景与意义

空气污染对人体健康的影响最为显著，与大气环境相比又有其特殊性。室内空气污染监测是评价居住环境的一项重要工作。

甲醛，化学式 CH_2O，是无色但具有强烈刺激性气味的气体。甲醛主要来源于人造板材、油漆、涂料等室内装潢材料以及纺织品、食品、化妆品中的非法添加剂，是主要的室内有机化学污染物。长期在甲醛环境下会引起慢性中毒，损害神经系统，引发头痛、记忆力减退和睡眠障碍。甲醛对人眼、鼻等有刺激作用，长期吸入不仅会对人的呼吸道以及神经系统造成损伤，还会诱发白血病，已被世界卫生组织确定为致癌和致畸性物质。准确地测定甲醛污染物浓度，是进行室内甲醛污染治理的基础，具有重要的应用价值。室内甲醛的相关问题一直是社会所关注的重点，只有确定室内甲醛的含量，才能保证人们的健康。

本实验选择刚装修完和装修已久的不同房间，或者在一个刚装修完房间的不同通风条件和不同时间下，进行采样分析。通过本实验掌握酚试剂分光光度法和离子色谱法测定空气中甲醛浓度的方法。

三、空气中甲醛浓度的测定

甲醛的测定方法有乙酰丙酮分光光度法、变色酸分光光度法、酚试剂分光光度法、离子色谱法等。其中，乙酰丙酮分光光度法灵敏度略低，但选择性较好，操作简便，重现性好，误差小；变色酸分光光度法显色稳定，但须使用很浓的强酸，若操作不当会有危险，且共存的酚会干扰测定；酚试剂分光光度法灵敏度高，在室温下即可显色，但选择性较差，该法是目前测定甲醛较好的方法。

我国使用最多的甲醛检测方法是酚试剂分光光度法、乙酰丙酮分光光度法、离子色谱法。根据相关实验表明，酚试剂分光光度法的灵敏度为乙酰丙酮分光光度法的 9.2 倍，检出限低于乙酰丙酮分光光度法（$0.27\ \mu g/mL$），且操作相对简单，适合低浓度甲醛检测。但是酚试剂分光光度法在实际测定的过程中，往往会出现校准曲线线性较差、空白值偏高的现象，从而影响其准确度与测定结果。离子色谱法作为一种新的方法，建议试用。近年来，随着室内污染监测的开展，出现了无动力取样分析方法，其采用活性炭吸附，过氧化氢氧化成甲酸后进入离子色谱用阴离子分离柱分离，各种阴离子在被分开后，依次进行测定，不会存在干扰问题，从而测得室内空气中的甲醛含量。该法简单易行，是一种较理想的室内测定方法。

下面重点介绍酚试剂分光光度法和离子色谱法。

（一）酚试剂分光光度法

1. 实验原理

酚试剂又被称作 MBTH。甲醛与酚试剂反应生成嗪，在高铁离子存在下，嗪与酚试剂的氧化产物反应生成蓝绿色化合物。在波长 630 nm 处，用分光光度法测定，反应方程式如下。

采样体积为 5 mL 时，本法检出限为 0.02 μg/mL，当采样体积为 10 L 时，最低检出浓度为 0.01 mg/m³

2. 实验仪器和试剂

（1）仪器。

①大型气泡吸收管：10 只，10 mL。

②空气采样器：1 台，流量范围 0 ～ 2 L/min。

③具塞比色管：10 只，10 mL。

④分光光度计：1 台。

（2）试剂。

①吸收液：称取 0.10 g 酚试剂（简称 MBTH）放入烧杯中，加水溶解，用玻璃棒引流至 100 mL 容量瓶内，加水定容至 100 ml，摇匀即为吸收原液，贮存于棕色瓶中，在冰箱内可以稳定 3 d。采样时取 5.0 mL 原液加入 95 mL 水，即为吸收液。

②硫酸铁铵溶液（10 g/L）：称取 1.0 g 硫酸铁铵，用 0.10 mol/L 盐酸溶液溶解，并稀释至 100 mL。

③硫代硫酸钠标准溶液（0.1 mol/L）称取 2 g 硫代硫酸钠和 0.2 g 无水碳酸钠溶于 1 000 m 水中，加入 10 mL 异戊醇，充分混合，贮于棕色瓶中。

④甲醛标准溶液：量取 10 mL 浓度为 36% ～ 38% 的甲醛，用水稀释至 500 mL，用碘量法标定甲醛溶液浓度。使用时，先用水稀释成每毫升含 10.01 g 甲醛的溶液，然后立即吸取 10.00 mL 此稀释溶液于 100 mL 容量瓶中，加入 5.0 mL 吸收原液，再用水稀释至标线。此溶液每毫升含 1.0 pg 甲醛。放置 30 min 后，用此溶液配制标准色列，此标准溶液可稳定 24 h。标定方法：吸取 5.00 mL 甲醛溶液 250 mL。在碘量瓶中加入 40.00 mL 0.1 mol/L 碘溶液，立即逐滴加入浓度为 30% 的氢氧化钠溶液，颜色褪至淡黄色为止。放置 10 min，用 5.0 mL 盐酸溶液酸化。置暗处放 10 min，加入 100 ～ 150 mL 水，用 0.1 mol/L 硫代硫酸钠标准溶液滴定至淡黄色，加 1.0 mL 新配制的 5% 淀粉指示剂，继续滴定至蓝色褪去。另取 5 mL 水，同上法进行空白滴定。

按下式计算甲醛溶液浓度：

$$P_f = \frac{(V_0 - V) \times CNa_2S_2O_3 \times 15.0}{5.00} \quad (1\text{-}7)$$

式中：P_f——被标定的甲醛溶液浓度，g/L；

V_0、V——分别为滴定空白溶液、甲醛溶液所消耗的硫代硫酸钠标准溶液体积，mL；

$CNa_2S_2O_3$——硫代硫酸钠标准溶液浓度，mol/L；

15.0——与 1 L 1 mol/L 的硫代硫酸钠标准溶液等当量的甲醛质量，g。

（二）采样与测定

（1）采样。在采样地点，用内装 5.0 mL 吸收液的气泡吸收管，以 0.5 L/min 流量，采气 10 L。

（2）测定。

①标准曲线的绘制：取 8 支 10 mL 比色管，按表 1-14 配制标准系列。然后向各管中加入 1% 硫酸铁铵溶液 0.40 mL，摇匀。在室温下（8～35℃）放置 20 min 后，在波长 630 nm 处，用 1 cm 比色皿，以水为参比，测定吸光度。以吸光度对甲醛含量（μg），绘制标准曲线。

表1-14　甲醛标准曲线表

管　号	甲醛标准溶液 /mL	吸收液 /mL	甲醛含量 /μg
0	0	5.00	0
1	0.10	4.90	0.10
2	0.20	4.80	0.20
3	0.40	4.60	0.40
4	0.60	4.40	0.60
5	0.80	4.20	0.80
6	1.00	4.00	1.00
7	1.50	3.50	1.50

②样品的测定：采样后，将样品溶液移入比色皿中，用少量吸收液洗涤吸收管、洗涤液并入比色管，使总体积为 5.0 mL。室温下（8～35℃）放置 80 min 后，以下操作同标准曲线的绘制。

4. 实验结果计算

实验结果计算公式如下：

$$P_f = \frac{m}{V_N} \tag{1-8}$$

式中：P_f——空气中甲醛的含量，mg/m³；

m——样品中甲醛含量，μg；

V_N——标准状态下采样体积，L。

5. 实验注意事项

（1）绘制标准曲线时与样品测定时温差不超过 2℃。

（2）标定甲醛时，在摇动下逐滴加入 30% 氢氧化钠溶液，至颜色明显减退，再摇晃片刻，待褪成淡黄色，放置后应褪至无色。若加入过量的碱，则 5 mL 盐酸溶液（1:5）不足以使溶液酸化。

（3）当与二氧化硫共存时，会使结果偏低。可以在采样时，使气样先通过装有硫酸锰滤纸的过滤器,排除干扰。

6.影响因素的研究

考察盐酸含量对吸光度的影响:硫酸铁铵溶液配制中,以 10 mL 为单位,分别加入 0、10 mL、20 mL、40 mL、100 mL 浓度为 0.1 mol/L 盐酸溶液,加水稀释至 100 mL(对应盐酸浓度分别为 0、0.01 mol/L、0.02 mol/L、0.04 mol/L、0.1 mol/L)配成 5 份显色剂。取甲醛含量不同的 4 组标准溶液 2 mL,按甲醛检测方法检测。

考察硫酸铁铵含量对吸光度的影响:分别称量 0.1 g、0.5 g、1.0 g、2.0 g、3.0 g、4.0 g 硫酸铁铵,加入 10 mL 浓度为 0.1 mol/L 盐酸溶液,加水稀释至 100 mL 配成 6 份显色剂。取 0.5 mL、1.0 mL、1.5 mL 的甲醛标准溶液并加水稀释至 2 mL,按甲醛检测方法检测。

考察酚试剂含量对吸光度的影响:分别取吸收原液 1 mL、5 mL、10 mL、15 mL、20 mL、30 mL 定容到 100 mL 容量瓶中得到 6 组吸收液,取 0.5 mL、1.0 mL、1.5 mL 的甲醛标准溶液并加水稀释至 2 mL,按甲醛检测方法检测。

考察显色温度对吸光度的影响:在上述最佳浓度范围内配制好溶液,取 0.5 mL、1.0 mL、1.5 mL 的甲醛标准溶液并加水稀释至 2 mL,分别加入吸收液 4 mL 以及显色剂 0.4 mL 制成比色列,分别在 10℃、20℃、25℃(室温)、30℃、35℃下放置 30 min 后,在 630 nm 下测定其吸光度。

考察显色时间对吸光度的影响:在上述最佳浓度范围内配制好溶液,取 0.5 mL、1.0 mL、1.5 mL 的甲醛标准溶液并加水稀释至 2 mL,加入吸收液 4 mL 以及显色剂 0.4 mL 制成比色列,25℃恒温下分别放置 10 min、20 min、30 min、40 min、50 min 后,在 630 nm 下测定其吸光度。

考察吸收波长对吸光度的影响:在上述最佳浓度范围内配置好溶液。取 0.5 mL、1.0 mL、1.5 mL 的甲醛标准溶液并加水稀释至 2 mL 加入吸收液 4 mL 以及显色剂 0.4 mL 制成比色液,25℃恒温下放置 30 min 后,分别在 540～740 nm,以 10 nm 为一个单位下测定其吸光度。

考察硫酸铁铵的稳定性对吸光度的影响:在上述最佳浓度范围内配制好溶液,采用控制变量法,控制硫酸铁铵溶液为不变量,5 天内连续检测 0.5 μg、1.0 μg、1.5 μg 甲醛的吸光度,其间吸收液现用现配。

考察酚试剂稳定性对吸光度的影响:在上述最佳浓度范围内配置好溶液,采用控制变量法,控制吸收液为不变量,5 天内连续检测 0.5 μg、1.0 μg、1.5 μg 甲醛的吸光度,其间硫酸铁铵溶液现用现配。

7.思考题

(1)酚试剂分光光度法测定空气中甲醛含量的关键步骤是什么?

(2)绘制标准曲线时与样品测定时温差对结果有何影响?

(3)标定甲醛时,在加入 30% 氢氧化钠溶液后,至颜色明显减退,需放置后再观察颜色为何?

(4)若加入过量的碱,会导致什么?

（5）若有二氧化硫共存时，会对结果产生什么影响？如何排除影响？

（三）离子色谱法

1. 实验原理

空气中的甲醛经活性炭富集后，在碱性介质中用过氧化氢氧化成甲酸。用具有电导检测器的离子色谱仪测定甲酸的峰高，以保留时间定性，峰高定量，间接测定甲醛浓度。方法的检出限为 0.06 μg/mL，当采样体积为 48 L、样品定容为 25 mL、进样量为 200 μL 时，最低检出浓度为 0.03 mg/m³。

2. 实验仪器和试剂

（1）仪器。

①玻璃砂芯漏斗：1 个。

②空气采样器：1 台，流量范围 0 ～ 1 L/min。

③微孔滤膜：若干，0.45 μm。

④超声波清洗器：1 台。

⑤离子色谱仪：1 台，具电导检测器。

⑥活性炭吸附采样管：10 只，长 10 cm、内径 6 mm 的玻璃管，内装 20 ～ 50 目粒状性炭 0.5 g（活性炭预先在马弗炉内经 350℃灼烧 3 h，放冷后备用），分 A、B 两段，中间用玻璃棉隔开。

（2）试剂。

①淋洗液（0.005 mol/L）：称取 1.907 g 四硼酸钠（$Na_2B_4O_7 \cdot 10H_2O$），溶解于少量水，移入 1 000 mL 容量瓶中，用水稀释至标线，混匀。

②甲酸标准贮备液：称取 0.577 8 g 甲酸钠（$HCOONa \cdot 2H_2O$），溶解于少量水，移入 250 mL 容量瓶中，用水稀释至标线，混匀。该溶液每毫升含 1 000 pμg 甲酸根离子。分析样品时，用去离子水将甲酸标准贮备液稀释成与样品水平相当的甲酸标准使用溶液。

3. 采样与测定

（1）采样。打开活性炭采样管两端封口，将一端连接在空气采样器入口处，以 0.2 L/min 的流量，采样 4 h。采样后，用胶帽将采样管两端密封，带回实验室。

（2）测定。

①离子色谱条件的选择：按以下各项选择色谱条件。

淋洗液：0.005 mol/L 四硼酸钠溶液。

流量：1.5 mL/min。

纸速：4 mm/min。

柱温：不低于 18℃。

进样量：200 μL。

②样品溶液的制备：将采样管内的活性炭全部取出，置于盛有 1.50 mL 水、0.05 mol/L 氢氧化钠溶液 2.0 mL、0.03% 过氧化氢水溶液 1.50 mL 的小烧杯中，在超声清洗器中提取

20 min，放置 2 h。用 0.45 μm 滤膜过滤于 25 mL 容量瓶中，然后各用 2.0 mL 水洗涤烧杯及活性炭，洗涤液并入容量瓶中，并用水稀释至标线，混匀，即为待测样品溶液。

③样品的测定：按所用离子色谱仪的操作要求分别测定标准溶液、样品溶液，得出峰高值。以单点外标法或绘制标准曲线法，将甲酸根离子的浓度换算为空气中甲醛的含量。

（3）校准曲线的绘制。用移液管从 100 mg/L 甲酸标准储备液中移取 0.00 mL、2.00 mL、4.00 mL、6.00 mL、8.00 mL、10.0 mL，用纯水定容于 100 mL 容量瓶配成系列标准液。则甲酸标准使用液的梯度为 0.00 mg/L、2.00 mg/L、4.00 mg/L、6.00 mg/L、8.00 mg/L、10.0 mg/L。以甲酸浓度 C 对色谱峰高 H 响应值（μs）计算线性回归，可得线性回归方程和甲酸校准曲线（表 1-15）。

表1-15　回归方程和甲酸校准曲线

管　号	标液/[100 mg·L⁻¹（mL）]	甲酸/（mg·L⁻¹）	响应值/μs	色谱峰高 H	曲线方程	相关系数
1						
2						
3						
4						
5						
6						
7						
8						
9						
10						

4. 实验结果计算

实验结果计算公式如下：

$$P_f = \frac{H \times K \times V_t}{V_N \times \eta} \times \frac{30.03}{45.02} \tag{1-9}$$

式中：P_f——空气中甲醛的含量，mg/m³；

H——样品溶液中甲酸离子的峰高，mm；

K——定量校正因子，即标准溶液中甲酸根离子浓度与其峰高的比值，g/（L·m）；

V_t——样品溶液总体积，mL；

η——甲醛的吸收效率；

V_N——标准状态下的采样体积，L；

30.03、45.02——分别为甲醛分子和甲酸根离子的摩尔质量，g。

5. 精密度与回收率的测定

为了验证与计算离子色谱法的准确率和回收率，我们可以配制甲酸质量浓度为 4.00 mg/L 标准溶液（配制方法与校准一致），因溶液实际浓度不可能正好为所需浓度，所以测定值按实际浓度记录并求出平均浓度，平均浓度最好为整数。用此样品进行精密度的测定，重复进样 6 次。将结果记录在表 1-16 中。

表1-16 精密度测定表

精密度测定实验	甲酸 / (mg·L⁻¹)
测定值	
平均值	
RSD	

在一室内同时采集 3 组气体样品，每组双份，一份在各组采样管中直接采样，另一份用微量注射器加入不同浓度的甲醛标准后采样，用 1.3 样品前处理的方法进行消解成甲酸进样分析后换算成甲醛，将结果填入表 1-17，测定甲醛的回收率。

表1-17 回收率测定表

项　目	样　品			
	1	2	3	4
成　分				
本底值 / (mg·L⁻¹)				
加入量 / (mg·L⁻¹)				
测定值 / (mg·L⁻¹)				
回收率 /%				

6. 实验注意事项

（1）活性炭采样管性能不稳定，因此每批活性炭采样管均应抽 3～5 支，测定甲醛的吸效率，供计算结果使用。

（2）如乙酸产生干扰，淋洗液四硼酸钠浓度应改用 0.002 5 mol/L，甲酸和乙酸的分离度有所提高。

（3）当乙酸的浓度为甲酸的 5 倍、可溶性氯化物为甲酸浓度的 200 倍时，对甲酸测定有一定影响，可改变淋洗液的浓度，增加甲酸和乙酸的分离度。

7. 小结

应用活性炭采集室内空气中的甲醛，用过氧化氢氧化成甲酸，离子色谱法测定其质量浓度，操作简单方便，且回收率高于一般光度法，精密度好，检出限低。使用本方法测定甲醛，减少了在其分析过程中化学试剂的使用量，减轻了对环境和人体健康的危害。经实际操作证明，该法能满足对室内空气中甲醛的监测要求。

8. 思考题

（1）简述离子色谱法的流程。

（2）计算精密度与回收率的目的是什么？

实验五　臭氧浓度检验

一、实验目的

臭氧是一种强氧化剂，具有很强的杀菌消毒、漂白、除味等特性。在臭氧应用中，一定的臭氧浓度是保证消毒效果、节约能源和防止污染的重要参数。本实验通过测定空气中的臭氧浓度，使学生掌握靛蓝二磺酸钠（IDS）分光光度法测定环境空气中臭氧含量的原理和方法；熟练掌握滴定操作；熟练掌握采样仪器和分光光度计的操作。

二、实验背景与意义

1785 年，德国物理学家冯·马鲁姆用大功率电机进行实验时发现，当空气流过一串火花时，会产生一种特殊气味，但并未深究。此后，舒贝因于 1840 年也发现在电解和电火花放电实验过程中有一种独特气味，并断定它是由一种新气体产生的，从而宣告了臭氧的发现。

臭氧在对流层中是重要的光化学氧化剂；在平流层臭氧作为紫外辐射的主要吸收者保护地球免遭紫外辐照。此外，它也是红外辐射的重要吸收者，是一种温室气体。臭氧具有消毒作用，利用臭氧消毒无死角，杀菌效率高，除异味。消毒进行时臭氧发生装置产生一定量的臭氧，在相对密闭的环境下，扩散均匀，通透性好，克服了紫外线杀菌存在的消毒死角的问题，达到全方位、快速、高效的消毒杀菌目的。另外，由于它的杀菌谱广，不仅可以杀灭细菌繁殖体，如芽孢、病毒、真菌和原虫孢体等多种微生物，还可以破坏肉毒杆菌和毒素及立克次氏体等，同时具有很强的除霉、腥、臭等异味的功能。且臭氧消毒无残留、无污染。臭氧利用空气中的氧气产生，在消毒氧化过程中，多余的氧原子在

30 min 后又结合成分子氧，不存在任何残留物质，解决了消毒剂消毒时残留的二次污染问题，同时省去了消毒结束后的再次清洁。臭氧在临床上的应用也很广泛，它可用于治疗椎间盘突出症、病毒性肝病和缺血缺氧疾病等。此外，臭氧还可用于蔬菜病害防治，去除蔬菜农药残留以及蔬菜保鲜加工。

然而，臭氧也是环境大气和室内空气中常见的污染物，当臭氧达到一定浓度时，会对人体产生危害。人在一个小时内可接受臭氧的极限浓度是 260 μg/m³。在 320 μg/m³ 臭氧环境中活动 1h 就会引起咳嗽、呼吸困难及肺功能下降。近年来，在公共场所推广应用臭氧消毒器、消毒箱和臭氧净化消毒器用于餐具、理发具的消毒以及医院、宾馆、舞厅等场所的消毒及复印机、负离子发生器的应用。上述臭氧消毒器泄漏及高压放电释放的臭氧都不同程度造成室内空气污染。空气中臭氧污染水平及上述消毒效果的评价都需要进行臭氧质量浓度的检测。因此，研究臭氧时空分布的特征规律及人类活动对臭氧层破坏所产生的各种效应，已成为各国研究的重要内容，有关臭氧浓度检测方法的研究也得到高度重视。

目前，测定大气中臭氧浓度的分析方法很多，如碘量法、靛蓝二磺酸钠（IDS）分光光度法、紫外分光光度法、气相色谱法、化学发光法以及荧光分光光度法等多达十几种。其中，IDS 分光光度法、紫外分光光度法和荧光分光光度法为我国《环境空气质量标准》（GB 3095—1996）中推荐的 3 种分析方法。在我国，紫外光度、化学发光、气相滴定等臭氧自动监测仪，因设备复杂、价格昂贵不易推广使用；而测定臭氧浓度的各种化学法，目前国内较常用的有丁子香酚－甲醛比色法、硼酸碘化钾法、改进的中性碘化钾法以及紫外光度法等。丁子香酚－甲醛比色法的灵敏度较低，且光化学烟雾的组分甲酸干扰测定。硼酸碘化钾法现场测定时存在碘的挥发和氮氧化物、二氧化硫等气体的干扰。改进的中性碘化钾法操作步骤较烦琐，且吸收液对温度和光线照射敏感。紫外光度法虽然操作简便快速，但价格昂贵，不利于基层单位推广应用。因此，急需建立一种灵敏可靠、专属性强，又便于推广使用的测定大气臭氧浓度的方法。

目前，IDS 分光光度法测定环境空气中臭氧浓度是国家环境保护局和国家标准局批准在全国各环境监测部门统一采用的方法，该方法与现行的同类其他方法相比具有灵敏度高、重复性好、试剂稳定、干扰少等优点。

三、实验原理

臭氧是氧气的一种同素异形体，又称三氧，化学式为 O_3，又称三原子氧、超氧。在常温常压下臭氧为气体，其临界温度为 -12.1 ℃，临界压力为 5.31 MPa。气态时为浅蓝色，液化后为深蓝色，固态时为紫黑色。气体难溶于水，不溶于液氧，但可溶于液氮及碱液。液态臭氧在常温下缓慢分解，高温下迅速分解，产生氧气，受撞击或摩擦时可发生爆炸。臭氧有强氧化性，是比氧气更强的氧化剂，可在较低温度下发生氧化反应。空气中的臭氧在磷酸盐缓冲溶液的存在下，与吸收液中蓝色的靛蓝二磺酸钠等发生摩尔反应，退色生成电靛红二磺酸钠，在 610 nm 处测量吸光度，根据蓝色减退的程度比色定量空气中臭氧的浓度。

四、实验试剂与仪器

（一）试剂

（1）靛蓝二磺酸钠（IDS）标准贮备溶液。

（2）磷酸二氢钾。

（3）无水磷酸氢二钠。

（4）磷酸盐缓冲溶液：称取 6.8 g 磷酸二氢钾（KH_2PO_4）、7.1 g 无水磷酸氢二钠（Na_2HPO_4），溶于水，稀释至 1 000 mL。

（5）靛蓝二磺酸钠（IDS）标准工作溶液：将标定后的 IDS 标准贮备液用磷酸盐缓冲溶液逐级稀释成每毫升相当于 1.00 μg 臭氧的 IDS 标准工作溶液，此溶液于 20℃以下暗处存放可稳定一周。

（6）靛蓝二磺酸钠（IDS）吸收液：取适量 IDS 标准贮备液，根据空气中臭氧质量浓度的高低，用磷酸盐缓冲溶液稀释成每毫克相当于 2.5 μg（或 5.0 μg）臭氧的 IDS 吸收液，此溶液于 20℃以下暗处可保存 1 个月。

（二）仪器及玻璃器皿

（1）分光光度计（附 20 mm 比色皿），如图 1-9 所示。

（2）十万分之一天平。

（3）10 mL 具塞比色管。

（4）25 mL 容量瓶、500 mL 容量瓶、1 000 mL 容量瓶。

（5）10 mL 多孔玻板吸收瓶。

（6）移液管及大肚吸管若干。

（7）烧杯若干。

（8）烟气采样器：流量范围 0 ～ 1 L/min，如图 1-10 所示。

图 1-9 分光光度计　　图 1-10 烟气采样器

五、实验方法及步骤

（1）样品的采集：按 GB/T 16157—1996 执行。用内装 10.00 mL+0.02 mL 的 IDS 吸收液的多孔波板吸收管，罩上黑色避光套，以 0.5 L/min 流量采气 5 ～ 30 L（空白样不进行采样）。当吸收液褪色约 60% 时（与现场空白样品比较），立即停止采样。

（2）样品的保存：样品在运输及存放过程中应严格避光。样品于室温暗处存放至少可稳定 3 日。

（3）空白试验。

①实验室空白试验：取实验室内未经采样的空白吸收液，用 20 mm 比色皿，在波长 610 nm 处，以水为参比测定吸光度。实验室空白吸光度 A_0 在显色规定条件下波动范围不超过 ±15%。

②现场空白实验：用同一批配制的 IDS 吸收液，装入多孔玻板吸收管中，带到采样现场，除了不采气之外，其他环境条件与样品相同。将现场空白和实验室空白的测量结果相对照，若现场空白与实验室空白相差过大，查找原因，重新采样。

（4）测定：采样后，在吸收管入气口端串接一个玻璃尖嘴，在吸收管出气口端用吸耳球加压将吸收管中的样品溶液移入 50 mL 容量瓶中，用水多次洗涤吸收管，使总体积为 50 mL。用 20 mm 比色皿，以水作参比，在波长 610 nm 下测量吸光度。

六、实验数据记录

取 6 支 10 mL 具塞比色管如表 1-18 所示配置标准系列。

表1-18 臭氧标准溶液系列

项　目	管　号				
	1	2	3	4	5
IDS 标准溶液 /mL					
磷酸盐缓冲溶液 /mL					
臭氧质量浓度 /（μg·mL^{-1}）					

各管摇匀，用 20 mm 比色皿，以水作参比，在波长 610 nm 处，测定吸光度。以校准系列中零浓度管的吸光度（A_0）与各校准色列管的吸光度（A）之差为纵坐标，臭氧质量浓度为横坐标，用最小二乘法建立校准曲线的回归方程。所测得吸光度结果如表 1-19 所示。

表1-19 臭氧标准溶液吸光度值

项 目	管 号					
	1	2	3	4	5	6
DS 标准溶液 /mL						
磷酸盐缓冲溶液 /mL						
臭氧质量浓度 / ($\mu g \cdot mL^{-1}$)						
吸光度 /A						
吸光度 y/ ($A-A_0$)						

七、思考题

臭氧浓度测定过程中误差产生的原因有哪些？如何避免？

实验六　气象参数测定

一、实验目的

（1）掌握气象常用温度计的测量原理和操作。

（2）掌握空气湿度的查表。

（3）掌握风向风速测量方法及测量原理，学会使用数字风向风速表等测量仪器测定风向及风速。

（4）针对不同速度场设计相应的测量方案。

二、实验背景与意义

气象参数是大气环境状态的客观记载，在防灾减灾，应对气候变化，国民经济各行业建设方面发挥着巨大作用。气象参数主要包括温度、湿度、风速和风向。随着观探测手段不断拓展，气象观探测和预报范围不断扩展、精细化程度不断提高，使得气象数据覆盖的地域范围更广、时空密度更大，可以获取的数据种类更多，数据的表现形式更为多样。人类生产生活希望气象预报尽可能时空精细、预报准确。时效性强是气象数据最显著的特点，而精准是气象测量的基本要求。

空气温度也就是气温，是表示空气冷热程度的物理量。国际上标准气温度量单位是摄氏度（℃）。天气预报中所说的气温，是在观测场中离地面 1.5 m 高的百叶箱中的温度表上测得的，由于温度表保持了良好的通风性并避免了阳光直接照射，因此具有较好的代表性。空气湿度指空气中所含水汽的大小，湿度越大表示空气越潮湿，水汽距离饱和程度越近，通常我们用相对湿度来表示空气湿度的大小。风速是指空气相对于地球某一固定地点的运动速率，常用单位是 m/s。一般来讲，风速越大，风力等级越高，风的破坏性越大。气象上把风吹来的方向确定为风的方向，风向的测量单位，通常用方位来表示。例如，陆地上一般用 16 个方位表示，海上多用 36 个方位表示，在高空则用角度表示。

三、实验原理

（一）空气温度的测量

用于测量室内空气温度的仪表有玻璃液体温度计、热电偶温度计和电阻温度计等。本实验主要采用玻璃液体温度计进行测量。

玻璃液体温度计基于热胀冷缩效应的测温原理，即当温度变化时，玻璃球中的液体体积会发生膨胀或收缩，使进入毛细管中的液柱高度发生变化，从刻度上可指示温度的变化。温度表的刻度分辨力高低与温度表的灵敏度有关，灵敏度高，则温度表的刻度分辨力高。

（二）空气湿度的测量

本实验主要测量仪表：干湿球温度计、电子温湿度仪、毛发温湿度表。

干湿球温度计：水分蒸发和温度有关。当空气中的水汽未饱和时，湿球纱布上的水分随时都在蒸发，蒸发过程中消耗的热量来自湿球及其周围的空气层。所以，干球的温度值必然大于同时间的湿球温度，从而得到"干湿差"。"干湿差"越大，说明湿球部蒸发越多，空气越干燥；反之越潮湿。

电子温湿度仪：电子式温湿度仪的原理是将对湿度敏感的材料涂敷在电子元件的表面或复合进元件中。当湿度变化时，元件中的湿敏材料物理性能变化影响通过电子元件的电流或电压也随着发生变化，通过电路变换成温度和湿度的变化数值，显示在电子屏幕上。

毛发温湿度表：毛发温湿度表利用脱脂人发在周围空气湿度发生变化时，其本身长度伸长或缩短的特性来测量空气相对湿度。

（三）风向、风速的测量

风向、风速传感器所感应的不同物理量，经过相应的电路，转换成标准的电压模拟量和数字量，然后由数据采集器 CPU 按时序采集、计算得出风向、风速的实时值，并实时显示。

风向传感器选用单叶式风向标作为风向测定传感器，采用七位格雷码的编码方式进行光电转换，将轴角位移转换为数字信号，经采集器的 CPU 根据相应公式解算处理，得到相应的风向值。

风速传感器采用三杯回转架式风速传感器作为风速测定传感器，利用光电脉冲原理。风杯带动码盘转动，光敏元件受光照后输出脉冲，经采集器CPU根据相应的风速计算公式解算处理，获得相应风速值。

四、实验仪器

（一）空气温度的测量

空气温度测量所需仪器如图1-11所示。

图1-11 玻璃液体温度计

（二）空气湿度的测量

空气湿度测量所需仪器如图1-12～图1-14所示。

图1-12 干湿球温度计　　图1-13 电子温湿度仪　　图1-14 毛发温湿度表

（三）风向、风速的测量

实验设备有HG-1低速风洞及测控系统、数字压力风速仪、数字风向风速表。

HG-1低速风洞是一座回流式低速风洞，气流速度最高60 m/s，试验段大小：700 mm（宽）×700 mm（高）。数字压力风速仪是用于测量气流总压、静压及压差和风速的多功能测试仪，该仪器必须和皮托管探头配套使用（图1-15）。数字压力风速仪的技术指标如表1-20所示。数字风向风速表是手持式风向风速测试仪，由风向风速感应器和数据处理、显示仪表两部分组成。

图 1-15 数字压力风速仪

表1-20 数字压力风速仪技术指标

项 目	风 向	风 速
测量范围	0 ~ 360°	0 ~ 60 m/s
准确度	± 5°	±（0.5 + 0.03 V）m/s
分辨力	3°	0.1 m/s
起动风速	≤ 0.5 m/s	≤ 0.5 m/s

五、实验方法及步骤

测量场地应选取代表本地区较大范围气象要素特点和天气、气候特征的地方，避免局部地形的影响。一般要求场地平坦空旷，四周没有高大建筑物、树林和大水池的地方。观测场地的边缘与四周孤立障碍物的距离至少是该障碍物高度的三倍以上，四周不应有高秆作物，以保证气流的通畅。

（一）空气温度的测量

在离地 1.5 m 的高度上进行测量，并记录温度读数。

使用玻璃液体温度计时应按测量范围和精度选用相应分度值的温度计，并事先进行刻度校验。测量温度时，人体要稍许离开温度计，不要对着它急促吹气。温度计放在测温地点，等液柱稳定后（一般需 3 ~ 5 min），再进行读数，读数时应尽量快，先读小数后读整数，以防人体靠近时温度上升产生读数误差。

（二）空气湿度的测量

干湿球温度计使用前，先用温水器内的蒸馏水将湿球温包外面的纱布润温浸透，然后握住手柄，经每分钟约 50 转的速度将仪器水平旋转，旋转 2 min 后，将干湿球温度计垂直放到与眼睛大致等高的位置上迅速读数，第一次读数后，继续旋转约 1 min，然后重新读数，若两次读数相同，即将数据记下，否则应重新摇转和读数，直到湿球温度保持稳定为止。读数时先读小数后读整数。读出干球温度计读数及湿球温度计读数后，根据其差值查出相对湿度，也可根据焓湿图查出相对湿度。

毛发温湿度表性能不稳定，使用时需经常校正，同时其惰性很大，故不宜用于测定相对湿度变化较大的场合，毛发易断，切勿用手触摸，使用时避免震动，长期不用时应用蒸馏水湿润，以保持其特性。

电子温湿度仪可直接读出相对湿度读数。

（三）风向、风速的测量

（1）风洞运行，将风速调至 10 m/s 左右。

（2）把皮托管的总压测压软管及静压测压软管和数字压力风速仪接口连接。

（3）将数字压力风速仪电源打开，按功能键使面板切换到压力和速度显示界面。

（4）将皮托管安装在支架上，使总压管开孔方向与来流方向一致。

（5）用数字压力风速仪测量试验段出口气流总压和风速。

（6）将手持式数字风向风速表的数据采集、处理与显示部件与风速风向感应部件连接，并把感应部件伸到来流中，测定来流速度和来流方向。要求三个风杯处于同一水平面上。

（7）改变风洞来流速度，重复 5 和 6 步骤测定第二组数据。

（8）实验结束，关闭风洞。

（9）室外有风时手持数字风向风速表到室外测定某处风向风速。

（10）针对不同环境下速度场设计相应测量方案进行实验。例如，自然风、台风、高温气流速度测量。

六、实验数据记录

实测数据如表 1-21 ～表 1-23 所示。

表1-21 空气温度实验数据记录表

次数	仪器名称	
1		
2		
3		

表1-22 空气相对湿度实验数据记录表

次数	仪器名称				
	干湿球温度计			毛发温湿度表	
	T	T_s	ø	T	ø
0					
1					
2					
3					

表1-23 风速、风向实验数据记录表

序号	数字压力风速仪		数字风向风速表	
	总压/Pa	风速/(m·s)$^{-1}$	风向	风速/(m·s)$^{-1}$
1				
2				
3				

七、思考题

（1）测温度时，如何减少测量误差？

（2）分析本次实验中干湿球温度计产生误差的因素有哪些？

（3）比较数字压力风速仪和数字风向风速表测定的风速是否相同？为什么？

（4）请简述风速风向测量中还有哪些测量方法？设计不同测量方案进行对比分析。

第二篇
设计性实验

实验一　硫氧化物脱除实验

一、实验目的

本实验采用填料吸收塔，用 NaOH 或 Na_2CO_3 溶液吸收 SO_2。通过实验，可初步了解用填料塔吸收净化有害气体的研究方法，同时有助于加深理解填料塔内气液接触状况及吸收过程的基本原理。通过实验，要达到以下目的。

（1）了解用吸收法净化废气中 SO_2 的原理和效果。

（2）改变空塔气速，观察填料塔内气液接触状况和液泛现象。

（3）掌握测定填料吸收塔的吸收效率和压降的方法。

二、实验原理与方法

含 SO_2 的气体可采用吸收法净化。由于 SO_2 在水中溶解度不高，常采用化学吸收法。SO_2 的吸收剂种类较多，本实验采用 NaOH 或 $NaCO_3$ 溶液作为吸收剂，吸收过程发生的主要化学反应如下。

$$2NaOH+SO_2 \rightarrow Na_2SO_3+H_2O$$
$$Na_2CO_3+SO_2 \rightarrow Na_2SO_3+CO_2$$
$$Na_2SO_3+SO_2+H_2O \rightarrow 2NaHSO_3$$

本实验过程中，通过测定填料吸收塔进、出口气体中 SO_2 的含量，即可计算出吸收塔的平均净化效率，进而了解吸收效果。

本实验中通过测出填料塔进、出口气体的全压，即可计算出填料塔的压降；若填料塔的进、出口管道直径相等，用倾斜微压计测出其静压差即可求出压降。

（一）管道中各点气流速度的测定

当干烟气组分同空气近似，露点温度在 35 ～ 55℃，烟气绝对压力在 0.99×10^5 ～ 1.03×10^5 Pa 时，可用下列公式计算烟气管道流速：

$$v_0 = 2.77K_P\sqrt{T}\sqrt{P} \tag{2-1}$$

式中：v_0——烟气管道流速，m/s；

　　　K_P——皮托管的校正系数，K_P=0.84；

　　　T——烟气温度，℃；

　　　$\sqrt{P}$——各动压方根平均值，Pa。

$$\sqrt{P} = \frac{\sqrt{P_1} + \sqrt{P_2} + \cdots + \sqrt{P_n}}{n} \tag{2-2}$$

式中：P_n——任一点的动压值，Pa；

　　　　n——动压的测点数。

（二）管道中气体流量的测定

气体流量计算公式如下：

$$Q_s = A \cdot \upsilon_0 \tag{2-3}$$

式中：A——管道横断面积，m^2。

（三）吸收塔的平均净化效率

平均净化效率计算公式如下：

$$\eta = \left(1 - \frac{\rho_2}{\rho_1}\right) \times 100\% \tag{2-4}$$

式中：ρ_1——标准状态下吸收塔入口处气体中 SO_2 的质量浓度，mg/m^3；

　　　　ρ_2——标准状态下吸收塔出口处气体中 SO_2 的质量浓度，mg/m^3。

（四）填料塔的液泛速度

填料塔的液泛速度计算公式如下：

$$\upsilon_{F\max} = \frac{Q_s}{F} \tag{2-5}$$

式中：Q_s——气体流量，m^3/s；

　　　　F——填料塔截面积，m^2。

三、实验装置和仪器

（一）实验装置与流程

实验装置流程如图 2-1 所示。

吸收液从高位液槽通过转子流量计，由填料塔上部经喷淋装置喷入塔内，流经填料表面，由塔下部排出并流入储液槽。空气由高压离心风机与 SO_2 气体相混合，配制成一定浓度的混合气。SO_2 来自钢瓶，并经流量计计量后进入进气管。含 SO_2 的空气从塔底部进气口进入填料塔内，通过填料层后，气体经除雾器后由塔顶排出。

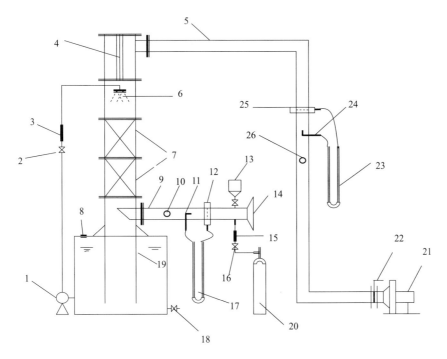

1—耐腐泵；2—进水调节阀；3—进水流量计；4—折板除雾器；5—出风管；6—喷淋器；
7—填料层；8—加水口；9—进气管；10—取样口1；11—动压测口1；12—静压测口1；
13—粉尘布灰斗；14—喇叭形均流管；15—反应气体流量计；16—进气调节阀；
17—U形管压差计1；18—放空阀；19—水箱；20—SO_2气体钢瓶；21—高压离心风机；
22—风量调节阀；23—U形管压差计2；24—动压测口2；25—静压测口2；26—取样口2。

图2-1 填料吸收塔吸收 SO_2 实验装置

（二）实验装置主要技术数据

实验装置主要技术数据如表2-1所示。

表2-1 实验装置主要技术数据表

实验装置	参　数
动力装置布置	负压式
塔径	$\phi 200$ mm
塔高	1 790 mm
气体进口管	$D=90$ mm

实验装置	参 数
气体出口管	D=90 mm
喷淋器	D=60 mm，孔径为 3 mm
NaOH 吸收液浓度	5%
SO_2 进气浓度	0.1% ～ 0.5%
喷淋密度	6 ～ 8 mm³/（m²·h⁻¹）
吸收温度	20℃
液气比	1 ～ 10 L/m³
压力损失	500 Pa/m
除雾折板	角度 60°
雾沫夹带	小于 7%
处理气量约	200 m³/h
填料：空心多面球	规格：25 mm
操作压力	常压

（三）实验仪器

（1）干湿球温度计：1 只。

（2）分光光度计：1 台。

（3）空盒式气压表：1 个。

（4）秒表：1 个。

（5）玻璃筛板吸收瓶（10 mL）：20 个。

（6）电子分析天平（分度值 1/1 000 g）：1 台（图 2-2）。

（7）标准风速测定仪：1 台。

（8）鼓风干燥箱：1 台（图 2-3）。

（9）烟气测试仪（采样用）：2 台。

（10）倾斜式微压计：3 台，或综合烟气分析仪：2 台。

（11）容量瓶、棕色细口瓶、碘量瓶、锥形瓶等各 1 个。

（12）具塞比色管、滴定管、移液管等各 1 个。

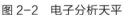

图 2-2　电子分析天平　　　　　　　　　图 2-3　鼓风干燥箱

四、实验方法和步骤

（一）实验准备工作

（1）甲醛缓冲溶液吸收 – 盐酸副玫瑰苯胺分光光度法测定二氧化硫，详见《环境监测实验》。

（2）5% 烧碱或纯碱溶液：称取工业用烧碱或纯碱 1 kg，溶于 20 kg 水中，作为吸收系统的吸收液。

（二）实验步骤

（1）按实验装置图 2-2 正确连接装置，并检查系统是否漏气，并在储液槽中注入已配置好的 5% 碱溶液。

（2）在玻璃筛板吸收瓶内装入吸收 SO_2 用的吸收液 10 mL。

（3）打开吸收塔的进液阀，并调节喷淋液体流量 QL，使液体均匀喷淋，并沿填料表面缓慢流下，以充分润湿填料表面，当液体由塔底流出后，将液体流量调节至 QL=300 L/h 左右。

（4）开启离心风机，调大气体流量，使塔内出现液泛。仔细观察此时的气液接触状况，并记录下液泛的气速 $v_{F\max}$（由气体气流量计算）。

（5）逐渐减小气体流量，在液泛现象消失后，吸收塔能正常工作时，开启 SO_2 气瓶，并调节其流量，使其气体中 SO_2 的含量为 0.1% ～ 0.5%（体积分数）。

（6）经 3 min 待塔内操作完全稳定后，按要求开始测量并记录有关实验数据。

（7）在吸收塔的上下取样口用烟气测试仪（或综合烟气分析仪）同时采样。采样时，先将装入吸收液的吸收瓶放在烟气测试仪的金属架上。吸收瓶和玻璃筛板相连的接口与取样口相连；吸收瓶的另一接口与烟气测试仪的进气口相连（注意：不能接反）。然后开启烟气测试仪，以 0.5 L/min 的采样流量采样 5 ～ 10 min（视气体中的 SO_2 浓度大小而定）。

（8）在喷淋液体流量 QL 不变，并保持气体中 SO_2 浓度在大致相同的情况下（SO_2 含量仍保持在 0.1% ～ 0.5%），改变气体的流量，稳定运行 3 min 后，按上述方法，测取 5 组数据。

（9）在气体流量 Q_s 不变，并保持气体中 SO_2 浓度在大致相同的情况下（SO_2 含量仍保持在 0.1% ～ 0.5%），改变喷淋液体 QL 的流量，稳定运行 3 min 后，重复上述步骤。

（10）实验完毕后，先关掉 SO_2 气瓶，待 2 min 后再停止供液，最后停止鼓入空气。

（11）样品分析及计算。

五、实验数据记录与处理

（一）实验结果记录

实验日期_____实验人员_____

液泛气速 v_{Fmax}：_____m/s

1. 气体流量变化测得的实验数据

填料塔气体流量变化测定结果记录如表 2-2 所示。

固定气体流量 Q_s：_____m³/h

表2-2　填料塔气体流量变化测定结果记录表

实验次数	气体流量 /（m³·h）	原气浓度 ρ_1 /（μg·m⁻³）	净化后浓度 ρ_2 /（μg·m⁻³）	净化效率 η/%	压力损失 /Pa
1					
2					
3					
4					
5					

2. 喷淋液体流量变化测得的实验数据

填料塔喷淋液体流量变化测定结果记录如表 2-3 所示。

固定喷淋液体流量 QL：_____L/h

表2-3　填料塔喷淋液体流量变化测定结果记录表

实验次数	液体流量 / (L·h⁻¹)	原气浓度 ρ_1 / (μg·m⁻³)	净化后浓度 ρ_2 / (μg·m⁻³)	净化效率 η /%	压力损失 /Pa
1					
2					
3					
4					
5					

（二）吸收塔的平均净化效率

吸收塔的平均净化效率的计算公式如下：

$$\eta = \left(1 - \frac{\rho_2}{\rho_1}\right) \times 100\% \qquad (2\text{-}6)$$

式中：ρ_1——标准状态下吸收塔入口处气体中 SO_2 的质量浓度，mg/m³；

ρ_2——标准状态下吸收塔出口处气体中 SO_2 的质量浓度，mg/m³。

（三）填料塔压降

填料塔压降的计算公式如下：

$$\Delta P = P_1 - P_2 \qquad (2\text{-}7)$$

式中：P_1——吸收塔入口处气体的全压或静压，Pa；

P_2——吸收塔出口处气体的全压或静压，Pa。

（四）填料塔的液泛速度

填料塔的液泛速度的计算公式如下：

$$\upsilon_{F\max} = \frac{Q_s}{F} \qquad (2\text{-}8)$$

式中：Q_s——气体流量，m³/s；

F——填料塔截面积，m²。

（五）压力损失、净化效率和空塔气速的关系曲线

整理 5 组不同空塔气速 υ_F 下的 ΔP 和 η 资料，绘制 $\upsilon_F - \Delta P$ 和 $\upsilon_F - \eta$ 实验性能曲线，分析空塔气速 υ 对填料塔的压力损失和净化效率的影响。

（六）压力损失、净化效率和喷淋液体流量 QL 的关系曲线

整理 5 组不同喷淋液体流量 QL 下的 ΔP 和 η 资料，绘制 $QL - \Delta P$ 和 $QL - \eta$ 实验性能曲线，分析 QL 对填料塔的压力损失和净化效率的影响。

六、实验结果讨论

（1）从实验结果标绘出的曲线来看，你可以得出哪些结论？
（2）通过该实验，你认为实验中还存在什么问题？应做哪些改进？
（3）还有哪些比本实验更好的脱硫方法？

七、注意事项

（1）填料塔不易处理含固体的流体，但适用于处理腐蚀性的流体。
（2）在操作过程中，控制一定的液气比及气流速度，及时检查设备运转情况，防止液泛、雾沫夹带现象发生。
（3）填料塔设备应该放在干燥通风的地方，并经常检查，有异常情况及时处理。

实验二　氮氧化物脱除实验

一、实验目的

本实验设计了氮氧化物催化转化实验体系，通过实验室配气，配制成一定浓度的 NO 和 NO_2 混合气体，进入催化转化反应器。NO 和 NO_2 在反应器内被转化为 N_2 和 H_2O，实验中可根据配气系统调节进气氮氧化物浓度，通过反应器出口采样分析 NO 和 NO_2 浓度。通过实验操作和分析可加深对催化转化法去除氮氧化物原理的理解，并掌握实验操作和分析的基本能力。

（1）了解汽车尾气中污染物的组成和危害。
（2）熟悉汽车尾气中污染物去除催化剂的制备方法。
（3）掌握催化转化法去除汽车尾气中氮氧化物的原理和方法。
（4）了解影响去除汽车尾气中污染物的催化效率的因素。

二、实验意义

氮氧化物（NO_x）包括 N_2O、NO、NO_2、N_2O_3、N_2O_4、N_2O_5 等，氮氧化物指的是只由氮和氧两种元素组成的化合物。NO 经化学变化会形成 NO_2O_3 和光化学烟雾。NO_2 对人的眼睛和呼吸器官有强烈的刺激，严重时发生肺水肿造成致命危险。另外，NO_2 通过气相反应形成酸雨，对农作物、森林、地下水和建筑物产生极大的危害；当臭氧浓度为

$1 \times 10^{-6} \sim 2 \times 10^{-6}$ 时，可刺激黏膜扰乱中枢神经引起支气管炎和头痛；光化学烟雾带有刺激性、腐蚀性能伤害人眼睛，并导致呼吸系统的疾病，烟雾中还有致癌物质。此外，氧化亚氮会破坏臭氧层，增加皮肤癌的发病率，还可能影响人的免疫系统。NO_x 的污染已经破坏了自然平衡，严重影响了人类活动，防治其污染是目前面临的迫切而严峻的课题。

汽车污染日益成为全球性问题，汽车尾气中含有上百种不同的化合物，其中的污染物有固体悬浮微粒、一氧化碳、二氧化碳、碳氢化合物、氮氧化物、铅及硫氧化物等。汽车尾气对城市环境的危害主要是引发呼吸系统疾病，造成地表空气臭氧含量过高，加重城市热岛效应，使城市环境转向恶化。一辆轿车一年排放的有害废气比自身重量大 3 倍。英国空气洁净和环境保护协会曾发表研究报告称，英国每年死于空气污染的人与交通事故遇难者相比要多出 10 倍。

近年来，我国总颗粒物排放量基本得到控制，二氧化硫排放量有所下降，但氮氧化物排放量随着我国能源消费和机动车保有量的快速增长而迅速上升。"十一五"期间，氮氧化物排放量的快速增加加剧了区域酸雨的恶化趋势，部分抵消了我国在二氧化硫减排方面所付出的巨大努力。随着国民经济发展、人口增长和城市化进程的加快，中国氮氧化物排放量将继续增长。2008 年，全国氮氧化物排放量达到 2 000 万吨，成为世界第一氮氧化物排放国。若无有效控制措施，氮氧化物排放量在 2020 年将达到 3 000 万吨，给我国大气环境带来巨大威胁。鉴于氮氧化物对大气环境的不利影响以及目前火电厂氮氧化物排放控制的严峻形势，国家提出了控制氮氧化物排放的规划和要求，加大对氮氧化物排放的控制力度。

随着我国汽车保有量的持续增长，国际上汽车尾气排放法规的日趋严格，尾气减排日益受到重视。汽车尾气中的主要污染物氮氧化物（NO）在富氧条件下的排放控制变得越来越紧迫，而其中最有效易行的就是发动机外催化转化法，即通过在尾气排放管上安装催化转化器将 NO 转化为无害的氮气。催化转化法采用的催化剂有氧化锰、氧化铬、氧化镍和氧化铜等金属氧化物以及铂等贵金属。它们都是可以用来催化与净化 CO、HC 和 NO。催化反应器设置在排气系统中排气歧管和消声器之间。

三、实验原理

近年来，用碳氢化合物选择性催化还原 NO 技术引起了国内外研究工作者的关注。由于碳氢化合物的来源丰富，对环境无污染，因此该法被认为具有应用潜力。用碳氢化合物催化还原 NO_x，根据催化剂、还原剂的不同，机理也各不相同，过程较为复杂。用碳氢化合物选择性催化还原 NO_x 的关键是催化剂的选择，若能找到低廉而又高效的催化剂，则这一方法将具有广阔的实用前景和经济价值。在用碳氢化合物选择还原 NO_x 的过程中，金属或金属氧化物负载在载体上表现出了良好的活性。例如，Al、Co、Ga、In、Pd-ZSM-5 等催化活性较明显，Ag 最具代表性。用过渡金属和 Al_2O_3 混合的催化剂（Cu、Ni、Co—Al_2O_3）催化 C_3H_8—NO—O_2，最高选择性可达 100 %。该催化剂还具有良好的的抗水性。

催化转换法利用不同的还原剂，在一定的温度和催化剂作用下，将NO_x还原为无害的N_2和H_2O。在催化剂的作用下，汽车尾气中的氮氧化物被外加的碳氢化合物还原剂（如丙烯）选择性还原，总反应方程式如下：

$$2C_3H_6 + 2NO + 8O_2 \longrightarrow N_2 + 6CO_2 + 6H_2O$$

但迄今为止，上述反应的机理还不十分清楚。

本实验以钢瓶气为气源，以高纯度氮气为平衡气，模拟汽车尾气中一氧化氮（NO）和氧气（O_2）浓度，并设定其流量，在不同温度下，通过测量催化反应器进出口气流中的NO_x的浓度，评价催化剂对NO_x的浓度、去除效率。

通过改变气体总流量改变反应的空速（GHSV，气体量与催化剂样品量之比，h^{-1}），通过调节NO的进气量改变其入口浓度，通过钢瓶气加入二氧化硫（SO_2），评价催化剂在不同空速、不同NO入口浓度及毒剂SO_2存在条件下的活性。

四、实验装置、流程和仪器

（一）试剂与材料

实验所需试剂与材料如表2-4所示。

表2-4　实验所需试剂与材料

试剂与材料	浓　度
N_2	99.99%
NO	99.9%
O_2	99.99%
丙烯	99%
SO_2	99.9%
氨水	25%
硝酸铝	分析纯
硝酸银	分析纯

（二）仪器与设备

实验所需仪器与设备如表 2-5 所示。

表2-5 实验所需仪器与设备

仪器与设备	规 格 / 数 量
分液漏斗	250 mL 1 个
滴定管	1 个
漏斗	10 个
搅拌器	1 台
铁架台	1 台
量杯	2 个
抽滤器	1 套
马弗炉	1 台
烘箱	1 台
高压钢瓶气	5 个
流量计	6 个
催化反应器	1 台
氮氧化物分析仪	1 台

（三）实验装置与流程

实验有两部分：催化剂制备和催化剂性能评价。

（1）催化剂制备采用共沉淀法，将 Ag_2O 负载在 Al_2O_3 上。

（2）催化剂性能评价采用固定床催化反应器，反应器进出口分别设有取样阀，用于取样分析。本实验采用自行设计和加工的汽车尾气后处理实验系统，如图 2-4 所示。利用高压钢瓶气 N_2、NO、O_2、丙烯和 SO_2 模拟汽车尾气，反应器进出口的 NO_x 浓度由氮氧化物分析仪（PTM600）测定。

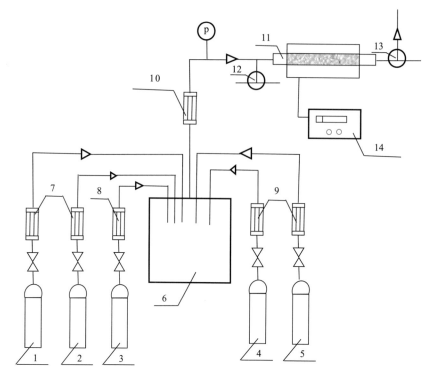

1—N$_2$；2—O$_2$；3—HC；4—NO；5—SO$_2$；6—混合器；7～10—流量计；11—催化反应器；
12、13—取样阀；14—温控仪。

图2-4　催化转化法去除汽车尾气中氮氧化物实验装置流程

五、实验内容和步骤

（一）Ag$_2$O—Al$_2$O$_3$ 催化剂的制备（共沉淀法）

（1）称取 36.8 g 硝酸铝 [Al（NO$_3$）$_3$—9H$_2$O]（相当于 5 g 氧化铝），溶于约 200 mL 去离子水中，形成溶液。

（2）以 Ag$_2$O：Al$_2$O$_3$=1：1 的计量称取硝酸银试剂，作为活性组分溶于上述溶液中，形成 Ag—Al 溶液。

（3）取 30 mL 25% 浓度的氨水试剂，在烧杯中稀释至 2.5 倍，形成 75 mL 10% 浓度的氨水，备用。

（4）将 Ag—A1 溶液倒入分液漏斗中，氨水溶液注入滴定管中，搅拌后将两种溶液同时缓慢滴下混合，控制混合液的 pH 在 9～10，形成沉淀。

（5）将混合液倒入抽滤漏斗中进行负压抽滤，直至压力表读数降为 0，沉淀形成凝滞块状滤饼，滤饼倒出。

（6）将滤饼置于烘箱中干燥 1 h。

（7）取出滤饼，在马弗炉内 700℃焙烧 2 h，冷却，研细，筛分，得到 $Ag_2O—Al_2O_3$ 催化剂样品。

（二）催化剂活性评价

（1）称取催化剂样品约 500 g 装填于固定床催化反应器中。

（2）连接实验系统气路，检查气密性。

（3）分别开启 N_2、O_2、NO 和 HC 气瓶减压阀，调节流量计，设置各气体流量，使总流量约为 400 mL/min。控制 NO 浓度为 1 800 mg/m，O_2 约为 5%，C_3H_3 约为 800 mg/m³。

（4）启动温控仪，设定反应器温度为 150℃。

（5）待温度稳定后，测定反应器进出口 NO 浓度。

（6）将反应器温度升高，升温速度 50℃/5 min，每升高 50℃，测定反应器进出口 NO 浓度，直至 550℃。

（7）调节 NO 流量计，控制总流量为 400 mL/min，通过改变 NO 在混合气中的浓度，分别使其浓度为 2 200 mg/m 和 2 600 mg/m，测定反应器进出口 NO 浓度，观察 NO 浓度对催化反应的影响。

（8）调节 NO 流量计，保持 NO 浓度在 1 800 mg/m³。开启 SO_2 气瓶减压阀，调节流量计，控制总流量为 400 mL/min，分别设置 SO_2 浓度为 500 mg/m 和 800 mg/m，测定反应器进出口 NO 浓度，观察 SO_2 浓度对催化反应的影响。

（9）关闭 SO_2 气瓶减压阀和流量计并保持 NO 浓度在 1 800 mg/m，改变总气体流量（改变反应空速），使总流量分别为 450 mL/min 和 500 mL/min，测定反应器进出口 NO 浓度，观察空速对催化反应的影响。

（10）关闭除 N_2 气瓶以外的所有气瓶的气阀，关闭温控仪，约 30 min 后，关闭 N_2 气瓶气阀，关闭系统所有电源，停止实验，整理实验室。

（三）空速、NO 入口浓度对催化效率的影响

在催化剂活性最高的两个温度下，空速、NO 入口浓度对催化效率的影响。

（1）通过改变总气量改变反应空速，测定催化剂的活性。

（2）通过改变 NO 的流量改变其入口浓度，测定催化剂对 NO_x 的去除效率。

六、实验数据记录与结果

（一）催化去除效率

催化去除效率计算公式如下：

$$\eta=\left(1-\frac{C_2}{C_1}\right)\times100\% \tag{2-9}$$

式中：C_1——反应器入口气体中 NO_2 的浓度，mg/m³；

C_2——反应器出口气体中 NO_2 的浓度，mg/m^3；

η——去除效率。

（二）结果处理

将相应的实验数据填入表2-6，并计算处理，得出结果。

室温：_____℃，气压：_____kPa，催化剂：_____，催化剂质量：_____g

表2-6　催化转化法去除汽车尾气中氮氧化物实验结果记录表

气　体	N_2	C_3H_3	O_2	NO		SO_2	
总流量 /（mL·min^{-1}）							
进口 NO 浓度 /（mg·m^{-3}）							
空速							
实验次数							
考察因素	1	2	3	4	5	6	7
出口 NO 浓度 /（mg·m^{-3}）							
去除效率 /%							

（三）作出关系曲线

作出去除效率—温度、去处效率—空速、去处效率—进口 NO 浓度与去处效率—SO_2 浓度的关系曲线。

七、催化剂制备的其他方法

（一）溶胶－凝胶法

氧化铝载体的制备通常采用溶胶－凝胶（sol-gel）法。

实验药品：异丙醇铝（AIP，相对分子质量为 204.23），65% 浓度的 HNO_3。

可采取以下两种途径。

1. 实验装置：恒温加热搅拌器、加热回流装置、恒温灼烧装置、烘箱。

（1）取异丙醇铝 10 g，用研钵磨成粉末。

（2）在 300 mL 锥形瓶中加 88 mL 水（物质的量之比 HO/AIP=100），在恒温水浴中加热至 85℃。

（3）加入异丙醇铝，加热搅拌 40 min。

（4）取 65% 浓度的 HNO_3：0.92 mL 加入 8 mL H_2O 中，搅拌均匀，把 HNO_3 溶液滴加到混合液中（逐滴），继续在恒温水浴中加热，强烈搅拌 60 min。

（5）在电热板上蒸发 3 min，加热回流 12 h。

（6）静放一昼夜，使其老化形成透明胶体，在烘箱里干燥 12 h（110℃）。

（7）在管式炉中灼烧（300℃时为 12 h，450℃、550℃、650℃、750℃、850℃时均为 3 h）。

（8）灼烧后进行研磨，取 60 ～ 100 目的颗粒用作分析。

2. 实验装置：旋转蒸发仪、减压抽滤仪、马弗炉、烘箱

（1）取异丙醇铝 40 g（最后可得成品约 10 g），用研钵磨成粉末。

（2）将异丙醇铝溶于约 360 mL 水（物质的量之比 $H_2O/AIP=100$）中，置于旋转蒸发仪上，温度设为 85℃，加热旋转 60 min。

（3）取 65% 浓硝酸 3.7 mL 加入 32 mL 水中，搅拌均匀，加入 AIP 溶液中，继续加热旋转 60 min。

（4）相同温度下减压蒸发（0.08 MPa）至体积减少 150 mL 左右。

（5）静放一昼夜，使其老化形成透明胶体，在烘箱里干燥 12 h（110℃）。

（6）在马弗炉内焙烧（以 2℃/min 的速度升温到 600℃，保持 3 h，然后降至室温）。

（7）焙烧后进行研磨，取 60 ～ 100 目的颗粒用作分析或进一步的制备。

（二）浸渍法

负载型氧化铝催化剂还可以利用浸渍法制备，以 sol-gel 法或共沉法制得的样品为载体，不同方法的最佳活性组分负载量是不同的。浸渍法的步骤如下。

（1）依活性组分负载量（氧化铝的 2%）计算并配制相应浓度的活性组分溶液。

（2）依载体量准确取相当体积的上述溶液注入载体上。

（3）放置、自然风干。

（4）放入烘箱 110℃下干燥 12 h。

（5）马弗炉内进行焙烧，使其线结构稳定。

八、氮氧化物的催化净化其他方法

目前，针对柴油车尾气的 NO_x 机外控制研究，比较广泛的技术主要有 NO_x 选择性催化还原（SCR）和 NO_x 储存 - 还原（NSR）等。其中，SCR 技术根据还原剂的不同又可以分为氨选择性催化还原 NO_x（NH_3-SCR）和碳氢化合物选择性催化还原 NO_x（HC-SCR）。另外，还有一些尚处于实验研究阶段的柴油车尾气 NO_x 控制技术，如 NO_x 催化分解、H_2 选择性催化还原 NO_x（H_2-SCR）、低温等离子体（NTP）辅助 SCR 技术以及 NO_x 和 PM 的同时去除等。

上述讲述的方法主要是 HC 选择性催化还原 NO_x（HC-SCR）技术，接下来主要简述

另外两类方法。

（一）NH₃ 选择性催化还原（NH₃-SCR）技术

该技术是在富氧条件下，向烟气中喷入 NH_3 或者可以提供 NH_3 的其他含氮还原剂，在催化剂的作用下选择性地将 NO_x 还原为 N_2，从而达到去除 NO_x 的目的。

在柴油车尾气中 NO 通常占 NO_x 的 90% 以上。因此，在 NH_3-SCR 过程中发生的主要反应如下。

$$4NH_3 + 4NO + O_2 \longrightarrow 4N_2 + 6H_2O \qquad (1)$$

反应（1）被称作标准 SCR 反应，产物中 N_2 的 2 个 N 原子一个来自 NO，另一个来自 NH_3。当 NO_x 中 NO 和 NO_2 摩尔比为 1：1 时，NO_x 转化效率，尤其低温条件下的 NO_x 转化效率，可以在很大程度上得到提高，发生的主要反应如下。

$$2NH_3 + NO + NO_2 \longrightarrow 2N_2 + 3H_2O \qquad (2)$$

反应（2）的反应速率比（1）快 10 倍以上，通常被称作快速 SCR 反应。在柴油车尾气的 NO_x 控制上，为了获得更高的 NO_x 去除率和更好的低温催化活性，有时需要通过增加前置柴油氧化催化剂（DOC）来人为提高 NH_3-SCR 反应中 NO_2 的比例。但如果 NO_2 的比例过高，多余的 NO_2 需要单独与 NH_3 反应进行消耗。

$$8NH_3 + 6NO_2 \longrightarrow 7N_2 + 12H_2O \qquad (3)$$

由于反应（3）的反应速率比标准 SCR 反应（1）慢，因此在实际应用中需控制 DOC 转化 NO 为 NO_2 的比例低于 50%。

（二）NO_x 储存 – 还原（NSR）技术

NSR 技术应用于稀燃汽油车和柴油车 NO_x 净化的基本设计思路相同，均为将三效催化剂和 NO_x 储存材料的功能有机组合起来，通过调节发动机周期性在贫燃和富燃两种工况下交替运行，达到 NO_x 储存和还原间歇进行的目的，从而有效去除发动机尾气中的 NO_x。NSR 催化剂通常包括三个组成部分：贵金属组分，用于贫燃条件下氧化 NO 为 NO_2，在富燃条件下还原 NO_x；储存组分，一般采用碱金属或碱土金属，用于以亚硝酸盐和硝酸盐的形式储存贫燃条件下的 NO_x；载体组分，用于分散贵金属和 NO_x 储存组分，并在 NSR 反应中起助催化作用。

以经典的 $Pt/BaO/Al_2O_3$ 催化剂体系为例，通常认为其 NSR 工作原理为在较长时间的贫燃条件下，尾气中的 NO 在贵金属活性位（Pt）上被 O_2 氧化为 NO_2，生成的 NO_2 随后与临近的碱性组分（BaO）发生反应，生成亚硝酸盐或硝酸盐而被储存起来；随后，反应气氛切换为富燃条件，短时间内尾气中的还原性组分 HC、CO 和 H_2 浓度迅速升高，储存的亚硝酸盐或硝酸盐分解放出 NO_x，在三效催化剂的作用下 NO_x 被 HC、CO 和 H_2 还原为 N_2，从而完成一个 NSR 循环过程。不过，在该催化剂体系中 Pt/BaO、Pt/Al_2O_3 和 BaO/Al_2O_3 之间的相互作用以及各催化剂组分在 NO_x 的储存与释放过程中的作用等方面还存在一定的争议。

九、思考题

（1）试说催化剂制备过程中的关键步骤是什么？

（2）评价催化剂活性的主要指标有哪些？

（3）根据关系曲线讨论温度、空速、NO 入口浓度和 SO_2 浓度对去除效率的影响。

（4）计算最佳条件下催化剂的活性对实验条件下的催化剂去除氮氧化物的性能进行评价。

（5）试思考催化反应动力学过程，设计新的实验方案。

十、注意事项

（1）在使用马弗炉制备催化剂时需要派专人看护煅烧炉，观察煅烧情况。

（2）马弗炉使用结束后，应切断电源，使其自然降温。不应立即打开炉门，以免炉膛突然受冷碎裂。

（3）实验结束后，应检查各个气瓶阀门是否已经关闭，避免气体泄漏。

实验三　活性炭吸附气体污染物实验

一、实验目的

（1）深入理解吸附法净化氮氧化物（NO_x）的原理和特点。

（2）了解活性炭吸附剂在尾气净化方面的性能和作用。

（3）掌握活性炭吸附、解吸、样品分析和数据处理等方面的技术。

二、实验背景与意义

氮氧化物（NO_x）在 20 世纪 60 年代就被确认为大气的主要污染物之一。常见的 NO_x 有一氧化氮（NO）、二氧化氮（NO_2）、一氧化二氮（N_2O）、五氧化二氮（N_2O_5）等。其中，除 N_2O_5 常态下呈固体外，其他 NO_x 常态下均呈气态。日常生活中提到的空气污染物 NO_x 一般指 NO 和 NO_2。天然排放的 NO_x，主要来自土壤和海洋中有机物的分解，属于自然界的氮循环过程。人为活动排放的 NO_x，大部分来自化石燃料的燃烧过程，如汽车、飞机、内燃机和工业窑炉等；也来自生产和使用硝酸的过程，如氮肥厂、有机中间体厂、有色及黑色金属冶炼厂等。据 20 世纪 80 年代初估计，全世界每年由于人类活动向大气排放的 NO_x 约 5 300 万吨。NO_x 对环境的损害作用非常大，它是形成酸雨、光化学烟雾以及消耗臭氧（O_3）的主要物质之一。

NO_x 的防治途径主要分为排烟脱氮和源头控制。排烟脱氮的方法分为干法排烟脱氮和湿法排烟脱氮两类。干法排烟脱氮主要有催化还原法和吸附法等，湿法排烟脱氮主要有直接吸收法、氧化吸收法、氧化还原吸收法、液相吸收还原法和络合吸收法等。本次实验着重介绍吸附法的应用，吸附法使用分子筛等吸附剂，常用于吸附硝酸尾气中的NO_x。其中，氢型丝光氟石、硅胶、泥煤和活性炭等是良好的NO_x吸附剂。有氧气存在时，分子筛不仅能吸附NO_x，还能将NO氧化成NO_2。此外，吸附法还可用于其他低浓度NO_x废气的治理。

活性炭是由木质、煤质和石油焦等含碳的原料经热解、活化加工制备而成，有发达的孔隙结构、较大的比表面积和丰富的表面化学基团，是特异性吸附能力较强的炭材料的统称。其通常为粉状或粒状，是具有很强吸附能力的多孔无定形炭。由固态碳质物（如煤、木料、硬果壳、果核和树脂等）在隔绝空气条件下经 $600 \sim 900\,℃$ 高温炭化，然后在 $400 \sim 900\,℃$ 条件下用空气、二氧化碳、水蒸气或三者的混合气体进行氧化活化后所得。

炭化使碳以外的物质挥发，氧化活化可进一步去掉残留的挥发物质，产生新的和扩大原有的孔隙，改善微孔结构，增加活性。低温（$400\,℃$）活化的炭称 L-炭，高温（$900\,℃$）活化的炭称 H-炭。H-炭必须在惰性气氛中冷却，否则会转变为 L-炭。活性炭的吸附性能与氧化活化时气体的化学性质及其浓度、活化温度、活化程度、活性炭中无机物组成及其含量等因素有关，主要取决于活化气体的性质及活化温度。

活性炭的含碳量、比表面积、灰分含量及其水悬浮液的 pH 值均随活化温度的提高而增大。活化温度越高，残留的挥发物质挥发得越完全，微孔结构越发达，比表面积和吸附活性越大。活性炭中的灰分组成及其含量对碳的吸附活性有很大影响。灰分主要由 K_2O、Na_2O、CaO、MgO、Fe_2O_3、Al_2O_3、P_2O_5、SO_3 等组成，灰分含量与制取活性炭的原料有关。

在活性炭各种应用中，国家标准《活性炭分类和命名》的附录 A 中，提供了不同类型活性炭主要用途对照表，该对照表，对指导不同用户选取不同类型的活性炭及其应用提供了方便，如表 2-7 所示。

表2-7　不同类型活性炭主要用途对照表

制造原材料分类	产品类型	用　途
煤质活性炭	柱状煤质颗粒活性炭	气体分离与精制、溶剂回收、烟气净化、脱硫脱硝、水质净化、污水处理、催化剂载体等
	破碎状煤质颗粒活性炭	气体净化、溶剂回收、水体净化、污水处理、环境保护等 水污染应急处理、垃圾焚烧、化工脱色、烟气净化等
	球形煤质颗粒活性炭	炭分子筛、催化剂载体、防毒面具、气体分离与精制、军用吸附等

续表

制造原材料分类	产品类型	用　途
木质活性炭	柱状木质颗粒活性炭	气体分离与精制、黄金提取、水质净化、食品饮料脱色等
	破碎状木质颗粒活性炭	净化空气、溶剂回收、水质净化、味精精制、乙酸乙烯合成触媒等
	粉状木质活性炭	水体净化、注射针剂脱色、糖液脱色、味精及饮料脱色、药用等
	球形木质颗粒活性炭	炭分子筛、血液净化、饮料精制、气体分离、提取黄金等
合成材料活性炭	柱状合成材料颗粒活性炭	气体分离与净化、水体净化、烟气净化、污水处理、环境保护等
	破碎状合成材料颗粒活性炭	净化空气、脱除异味、环境保护、上水与污水处理等
	粉状合成材料活性炭	水质净化、垃圾焚烧、化工脱色、烟气净化等
	成形活性炭	净水滤芯、净水滤棒、净空蜂窝体、环境保护、过滤吸附等

三、实验原理

由于活性炭表面通常含有大量的含氧基团（图 2-5），一般活性炭均具有较强的吸水能力，与有机物产生竞争吸附作用。活性炭是基于其较大的比表面（可高达 1 000 m^2/g）和较高的物理吸附性能吸附气体中的 NO_x。活性炭吸附 NO_x 是可逆过程，在一定的温度和压力下达到吸附平衡，而在高温、减压下被吸附的 NO_x，又被解析出来，活性炭得到再生。

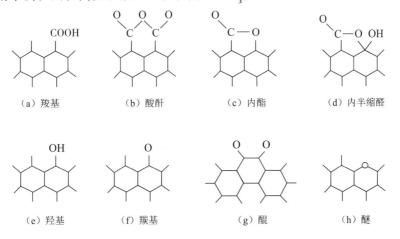

（a）羧基　（b）酸酐　（c）内酯　（d）内半缩醛

（e）羟基　（f）羰基　（g）醌　（h）醚

图 2-5　活性炭结构

本实验采用玻璃夹套式 U 形吸附器，用活性炭作为吸附剂，吸附净化浓度约 2 500 ppm 的模拟尾气，得出吸附净化效率和转校时间数据。

四、实验仪器与试剂

（一）实验的装置

本实验采用玻璃夹套式 U 形吸附器（图 2-6），吸附器内装填活性炭。

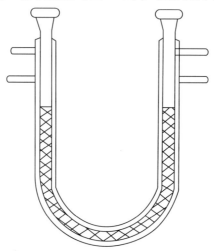

图 2-6　U 形吸附器

（二）实验设备规格及试剂

实验设备规格及试剂如表 2-8 所示。

表2-8　实验设备规格及试剂参照表

序　号	名　　称	参数及型号
1	吸附器	硬质玻璃，直径 D=15 mm，高度 H=150 mm，套管外径 D=25 mm，1 个
2	活性炭	果壳，粒径 200 目
3	稳定阀	YJ-0.6 型，1 个
4	蒸气瓶	体积 V=5 L，1 个
5	冷凝器	1 只
6	加热套	M-106 型，功率 W=500 W，1 个

序 号	名 称	参数及型号
7	吸气瓶	1 个
8	储气罐	不锈钢，容积 V=400 L，最高耐压 P=15 kg/cm³，1 个
9	空气压缩机	V–0.1/10 型，排气量 Q=0.1 m³/min，压力 P=20 kg/cm²
10	真空泵	2XZ–0.5 型，抽气量 Q=0.5 L/min，转数 N=140 r/min，1 台
11	医用注射器	容积 V=5 mL，V=2 mL，各 1 只
12	分光光度计	721 型分光光度计 1 台
13	调压器	TDGC–0.5 型，功率 W=500 W，1 台
14	对氨基苯磺酸	分析纯 1 瓶
15	盐酸萘乙二胺	分析纯 1 瓶
16	冰醋酸	分析纯 1 瓶
17	氢氧化钠	分析纯 1 瓶
18	硫酸亚铁	分析纯 1 瓶
19	亚硝酸钠	分析纯 1 瓶

五、实验方法及步骤

吸附是一种常见的气态污染物净化方法，是用多孔固体吸附剂将气体中的一种或数种组分积聚或凝缩在其表面上而达到分离目的，特别适用于处理低浓度废气高净化要求的场合。活性炭内部孔穴十分丰富，比表面积巨大（可达到 1 000 m²/g），是最常见的吸附剂。本实验装置采用有机玻璃吸附塔，以活性碳为吸附剂，通过模拟发生的有机物气体、氮氧化物气体进行吸附实验，得到吸附净化效率等数据。

活性炭吸附氮氧化物的过程是可逆过程：在一定温度和气体压力下达到吸附平衡；而在高温、减压条件下，被吸附的氮氧化物又被解吸出来，使活性炭得到再生。在工业应用上，活性炭吸附的操作条件依活性炭的种类（特别是吸附细孔的比表面、孔径分布）以及填充高度、装填方法、原气条件不同而异。所以，通过实验应该明确吸附净化系统的影响因素，其操作条件还直接关系到方法的技术经济性。

实验前根据原气浓度确定合适的装炭量和气体流量，一般预选气体浓度为 2 500 ppm

左右，气体流量约 50 L/h，装炭量 10 g。吸附阶段需控制气体流量，保持气流稳定；在气流稳定流动的状态下，定时取净化后的气体样品测定其浓度；确定等温操作条件下活性炭吸附 NO_x 的效率和操作时间，当吸附效率低于 80% 时，停止吸附操作，开始对活性炭进行解析。解析前将吸附系统管路关闭，开启解析系统阀门，然后通入水蒸气对活性炭加热，使吸附在活性炭上的 NO_x 解析出来，经冷凝器后，NO_x 和水蒸气一起被冷凝成稀硝酸和亚硝酸混合物液，解析完成后停止向吸附器通水蒸气，并继续对保温加热套通水蒸气加热干燥活性炭，以便为下一个实验操作做好准备，实验操作步骤如下。

（1）准备 NO_2 吸收。

（2）检查管路系统，使阀门 e、f 和 a 关闭，处于吸收系统状态。

（3）开启阀门 a、b 和 c，同时记录开始吸附的时间。

（4）运行 10 min 后取样分析，此后每 30 min 取样一次，每次取三个。

（5）当吸附净化效率低于 80% 时，停止吸附操作，关闭阀门 a、b 和 c。

（6）开启阀门 e、f 和 d。置管路系统于解吸状态，打开冷却水管开关，向吸附器及其保温夹层通入水蒸气进行解吸和保温。

（7）当解吸液 pH 值小于 6 时，停止解吸，关闭阀门 e 和 f 待活性炭干燥以后再停止对其保温夹层通蒸气。

（8）实验结果取样分析使用盐酸萘乙二胺比色法 ❶。

六、实验数据记录

（1）记录实验数据及分析结果。

实验数据及分析结果如表 2-9 所示。

气体浓度：_____，气体流量：_____，装炭量：_____

表2-9 活性炭吸附实验数据记录表

运行时间 /min	吸附效率 /%	解析液 pH
10		
40		
70		

---

❶ 盐酸萘乙二胺比色法，又称"萨尔茨曼法"，是溶液吸收采集氮氧化物后进行比色测定的化学方法。原理为气体中的氮氧化物经过三氧化铬氧化管氧化成 NO_2，然后被吸收在溶液中生成亚硝酸，再与对氨基苯磺酸进行重氮化反应，然后与盐酸萘乙二胺偶合生成玫瑰红色的偶氮化合物，根据红色深浅进行比色定量。此法的检出限为 0.25 μg/5 mL。当采样体积为 6 L 时，最低检出浓度为 0.01 mg/m³。

（2）根据实验结果绘出净化效率随吸附操作时间（t）的变化曲线。

净化效率随吸附操作时间（t）的变化曲线如图 2-7 所示。

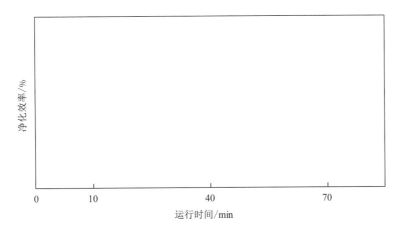

图 2-7　净化效率随吸附操作时间（t）的变化曲线

七、思考题

（1）活性炭吸附 NO_x 随时间的增加吸附进化效率逐渐降低，试从吸附原理出发分析活性炭的吸附容量及操作时间。

（2）随着吸附温度的变化，吸附量也发生变化，根据等温吸附原理简单分析吸附温度对吸附效率的影响，解释吸附过程的理论依据。

实验四　镁铝复合金属催化剂的制备实验

一、实验目的

（1）了解一种简单复合金属催化剂的制备方法。

（2）掌握材料合成的基本操作。

（3）掌握化学沉淀法的基本操作。

二、实验原理

复合金属氧化物的制备方法可分为物理合成法和化学合成法两类，其中化学合成法得到的材料具有粒径大小和粒径分布可控等优点，使此类方法得到广泛应用，这类方法包括共沉淀法、溶胶凝胶法、水热法、气相沉积法等。此外，使用水滑石（图 2-8）为前驱体制备相关复合金属氧化物材料的方法近年来得到了长足的发展。

图 2-8 水滑石

水滑石是一类层状复合金属氢氧化物，具有较强的碱性位点、较高的比表面积以及层板组成可调控性等性质，随着超分子概念的提出以及近代多核固体核磁技术的出现，人们对水滑石类材料的结构特性有了更深层次的认识：由于水滑石层板上的元素受到晶格能最低效应和定位效应等物理化学效应影响，使得层板上的金属元素可在分子级水平上实现高度有序的排列。这些特性使得水滑石在催化研究、功能化材料合成、光催化以及医药合成等领域表现出广阔的应用前景。利用水滑石的这些特性，通过合成掺杂贵金属的水滑石前驱体，以期实现掺杂的贵金属阳离子在水滑石前驱体中均匀分散，从而使催化剂中贵金属纳米颗粒得到均匀分布。水滑石典型结构如图 2-9 所示。

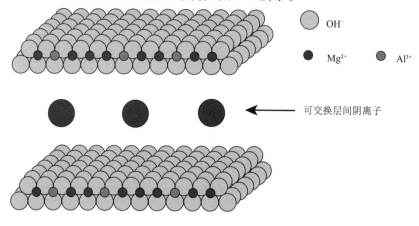

图 2-9 水滑石典型结构

$Mg_6Al_2(OH)_{16}CO_3 \cdot 4H_2O$ 是一种典型的水滑石结构，在一定条件下，水滑石中的金属会被其他半径相近、电荷相同的金属离子同晶取代，而层间的 CO_3^{2-} 可被 NO_3^{-}、Cl^{-} 等无机阴离子取代，从而形成结构相近的类水滑石。然而类水滑石的热稳定性相对较差，在一定温度下的焙烧会使得类水滑石的层状结构被破坏。一般的，在较低温度下，类水滑石主要失去的是吸附在表面的水和层间水，但这个过程并不是层状结构被破坏，当焙烧温度继续升高时，将导致层间的阴离子，如 CO_3^{2-}、NO_3^- 等发生分解，使得类水滑石的层状结构被破坏从而坍塌。但这一过程使得材料的内表面积扩大。存在于大自然的类水滑石结构品种相对较少，并且结晶度普遍较低，类水滑石中的杂质含量也相对较高，并不能满足科学研究的要求，因此通过人工合成来制备具有优良性能的类水滑石是很有必要的。关于类水滑石化合物的合成方法有很多。比如，沉淀法、水热合成法等都是常用的用于制备类水滑石的方法，制备类水滑石的过程如下：选取金属硝酸盐为原材料，比如铜、铝、镁、锌等金属盐类物质，混合，通过氢氧化钠和盐酸进行 pH 调节至合适的值，再进行水热加热至一定温度并持续一段时间，形成晶体后在进行焙烧，焙烧温度的控制至关重要。制备类水滑石需要控制的因素很多，比较重要的一些控制因素包括金属配比、pH 以及水热温度等，所制备出来的类水滑石，其晶体的结晶度是衡量所制备类水滑石质量好坏的一个重要衡量标准，制备出类水滑石后，其用于催化水解 COS 的水解活性较低，因此有必要对其进行改性，常用的用于改性类水滑石结构的方法为焙烧，当焙烧达到一定温度时，类水滑石的层间离子、分子会以气体形式被放出，比如 CO_3^{2-}、H_2O 等，导致双层结构坍塌，从而使得内表面积扩大，催化剂的催化活性明显提高。铝镁水滑石分子结构、类水滑石晶体结构如图 2-10、图 2-11 所示。

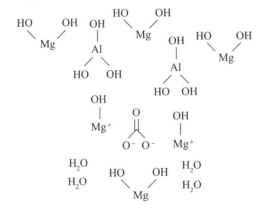

图 2-10　铝镁水滑石分子结构

图 2-11　类水滑石晶体结构

三、实验仪器和试剂

实验仪器和试剂如表2-10、表2-11所示。

表2-10　实验仪器一览表

仪器名称	型号规格	生产厂家
数控超级恒温水浴	HH-601	江苏杰瑞尔电器有限公司
高纯氢发生器	SGH-300	北京东方精华苑科技有限公司
COS 钢瓶气	1%	广东佛山科技气体有限公司
CO 钢瓶气	95%	大连大特气体有限公司
CS_2 钢瓶气	0.30%	大连大特气体有限公司
N_2 钢瓶气	99.99%	昆明梅塞尔气体产品有限公司
恒温鼓风干燥箱	DHG-90A	上海索谱仪器有限公司
HC-6 微量硫磷分析仪	HC-6	湖北华硕科技发展有限公司
低温恒温槽	DKB-2015	上海精宏实验设备有限公司
流量计控制仪	DSN-400	东莞市德欣电子科技有限公司
粉末压片机	FW-4A 型	天津市拓普仪器有限公司
电子分析天平	AL204	梅特勒－托利多仪器有限公司

表2-11　实验试剂一览表

试剂名称	分子式	分子量	纯　度	生产厂家
无水碳酸钠	Na_2CO_3	105.99	分析纯	天津市致远化学试剂有限公司
碳酸氢钠	$NaHCO_3$	184.01	分析纯	天津市致远化学试剂有限公司
硝酸镁	$Mg(NO)_2 \cdot 6H_2O$	256.49	分析纯	天津市风船化学试剂科技有限公司
硝酸铝	$Al(NO)_3 \cdot 6H_2O$	375.13	分析纯	天津市风船化学试剂科技有限公司

四、水滑石的应用

水滑石以及类水滑石由于具有可调变性的二维孔道结构、可交换性的层间阴离子、表面呈碱性及其特殊的结构复忆功能，使得水滑石类层状化合物在催化、污水处理、医药、油漆涂料、电流变材料、阻燃、功能发光材料及半导体等领域显示出广阔的应用前景，现已成为国内外研究的热点。

（一）环保型阻燃剂

镁铝水滑石是高效、无毒、低烟、高性价比的优良环保型阻燃剂。水滑石兼有氢氧化镁和氢氧化铝类似的结构和组成，受热分解时释放出大量的水和二氧化碳，并吸收大量的热，能降低燃烧体系的温度；分解释放出的水蒸汽和二氧化碳气体能稀释和阻隔可燃性气体；热分解生成的镁铝氧化物与高分子材料燃烧时形成的炭化物，在材料表面形成保护膜，从而阻隔了氧的进一步侵入，也起到阻燃的效果。水滑石粒子分解后的固体产物具有很大的比表面积及很强的碱性，能及时吸收材料热分解时释放的酸性气体和烟雾并转变成相应的化合物，从而起到抑烟和消烟的作用。因此，水滑石是消烟型无毒无卤阻燃剂新品种。其阻燃性能明显优于氢氧化铝和氢氧化镁，而且兼具两者的优点。

（二）热稳定剂

水滑石的分散性和透明性很好，是无毒的热稳定材料，可以作为聚氯乙烯（PVC）高效、无毒、价廉的热稳定剂。它可以有效地吸收PVC在加工和使用过程中分解产生的HCl，提高PVC的加工条件和热稳定性。可与有机锡或铅、锌共同作为热稳定剂，或与其他助剂共同使用，进一步提高PVC的热稳定性。水滑石本身无毒，可大范围代替铅盐和其他金属类稳定剂，且可用于食品包装PVC中。

（三）催化剂方面的应用

水滑石的基本性能是碱性，因而可以用作碱性催化剂。水滑石作为固体碱性催化剂具有广泛的应用前景，可用于加氢、聚合、缩合反应、烷基化反应和重整反应替代NaOH等均相碱性催化剂，这不但有利于产物分离，还有利于催化剂的回收和再生。通过调变金属离子的种类和组成比，或嵌入不同性能的阴离子，可成为催化多种反应的氧化还原催化剂。

五、水滑石的常用合成方法

水滑石的合成路线很多，国内外的科研工作者进行了大量的研究探索工作，主要有以下三种方法，即共沉淀法、离子交换法和焙烧还原法。

（一）共沉淀法

用构成水滑石层的金属离子的混合溶液，在碱的作用下发生共沉淀是制备水滑石最常用的方法。即在一定温度和碱性条件下，用相应的可溶性盐与碱反应来合成，可溶性的镁盐和铝盐分别采用硝酸盐、硫酸盐或氯化物等；碱可采用氢氧化钠、氢氧化钾、氨水等；碳酸盐可采用碳酸钠、碳酸钾等。共沉淀法又分为低过饱和度共沉淀法和高过饱和度共沉淀法。

1. 低过饱和度共沉淀法

将两种金属盐按一定比例配成一定浓度的混合盐溶液（A），然后按一定比例配成混合碱溶液（B），在四口瓶中预先加入一定量的蒸馏水，加热至一定的温度，将 A 和 B 两种溶液按一定的速度同时滴入四口瓶中，维持反应体系的 pH 在一恒定值，激烈搅拌。滴定完毕后，继续搅拌，经晶化、过滤、洗涤、烘干得产物。此种合成法是水滑石合成中的一种常用方法。

2. 高过饱和度共沉淀法

将上述的 A 和 B 溶液各预先加热至反应温度，快速将两种溶液同时倒入装有预先加热到和该溶液相同温度的二次蒸馏水的大烧杯中，激烈搅拌，经老化、过滤、洗涤、烘干得产物。此种合成方法在水滑石的合成中用得较少。

此外，要得到纯净和结晶度良好的水滑石样品，还需注意以下几点。

（1）在制备非碳酸根型水滑石时，为防止空气中 CO_2 的干扰，可在合成时向反应体系中不断通入 N_2，同时可以避免合成中一些易被氧化的物质被空气中的氧气氧化。

（2）严格控制 pH 值。pH 值的有效控制是避免氢氧化物杂相生成的最重要因素。合适的 pH 值范围对合成纯净的水滑石也是必要的，pH 值过高会造成 Al^{3+} 及其他离子的溶解，而低的 pH 值会使合成按更复杂的路线进行，并且合成不完全。

（3）晶化后处理。为得到结晶度良好的产品，在共沉淀发生后，必须经过一段时间的晶化。晶化过程可以是静态的，也可以是动态的，必要时可加压晶化。

作为共沉淀法的改进，双滴法、水热法、诱导水解法等也可作为水滑石的合成方法。

（二）离子交换法

离子交换法是以给定的水滑石为基础材料，溶液中的阴离子对原有的阴离子进行交换，形成新的柱撑水滑石。这是合成具有较大阴离子基团柱撑水滑石的重要方法。通常当溶液中的金属离子在碱性介质中不稳定，或当阴离子 A^{y-} 没有可溶性的 M（Ⅱ）、M（Ⅲ）盐类，共沉淀法无法进行时，可采用离子交换法。离子交换反应进行的程度至少由下面两个因素决定：

（1）阴离子 A^{y-} 的可交换性和进入离子 B^- 的交换能力。在常见的无机阴离子中，其可被交换的顺序为 $NO_3^- > Cl^- > SO_4^{2-} > CO_3^{2-}$，即 NO_3^- 最易被其他阴离子所交换，而 CO_3^{2-} 通常只是交换其他离子。对进入离子而言，其电荷越高，半径越小，则交换能力越强。

（2）水滑石层的溶胀和溶胀剂。通常选用有利于原水滑石胀开的溶剂，使离子交换易于进行。此方法的优点在于反应时间相对较短。另外，在某些情况下，水滑石层的组成对离子交换反应也产生一定影响，如 Mg-Al、Zn-Al 水滑石通常易于进行离子交换，而 Ni-Al 则往往较难，交换能力的这种差异被认为与水滑石中水的结合形态有关，即层间结合水较多有利于交换，表面结合水较多不利于交换。

（三）焙烧还原法

这一方法是建立在水滑石"记忆效应"特性基础上的制备方法。所谓水滑石的记忆效应，是指把一定温度下焙烧的水滑石样品（层状双金属氧化物，英文简称 LDO）加入含某种阴离子的水溶液或置于水蒸气中，则将发生水滑石层柱结构的重建，阴离子进入层间，形成新的柱状水滑石。LDO 经结构复原生成插层水滑石的程度与前体金属阳离子的性质及焙烧温度有关，应该依据不同水滑石前体组成来选择适宜的焙烧温度。一般而言，焙烧温度在 500℃以内，结构重建是可能的，温度过高会造成 $MgAl_2O_4$ 尖晶石相的生成，使结构不能重建。

六、实验步骤

（一）实验装置

制备铝镁水滑石的主要装置（图 2-12）。

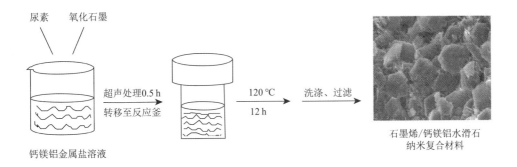

图 2-12　制备铝镁水滑石

（二）具体实验步骤

1. 不同金属配比对 COS 催化水解活性的影响

水滑石是由镁八面体和铝氧八面体组成的。其具有独特的双层层状结构，因此广受关注。选择两种金属硝酸盐分别是 $Mg(NO_3)_2 \cdot 6H_2O$、$Al(NO_3)_3 \cdot 6H_2O$，其中 M^{2+}/M^{3+} 摩尔比为 1/1：2/1、3/1：4/1 进行金属配比的实验，我们采用单因素控制变量法，通过不同比例的金属配比，来制备催化材料。然后在 COS 进口浓度为 400 ～ 470 ppm，反应温度为 50℃，空速为 5 000 h^{-1}，通过 N_2 平衡下进行对催化剂的活性评价，然后寻找最优金属配比。

2. pH 对 COS 催化水解活性的影响

合成 pH 值影响金属盐的共沉淀。因此，我们对催化剂的前驱物（类水滑石）合成 pH 值进行了研究，包括（pH=7，8，9，10 和 11）。之后，在有氧条件 600℃下焙烧 3 h。催化剂对 COS 在低温下催化水解的活性在这些不同的 pH 条件下被测试。通过催化效率寻找最优合成 pH 值。

3. 水热温度对 COS 催化水解活性的影响

称 取 0.03 mol（7.68 g）Mg（NO$_3$）$_2$6H$_2$O 和 0.01 mol（3.75 g）Al（NO$_3$）$_3$9H$_2$O，溶于 30 mL 去离子水中得到镁盐和铝盐的混合溶液；另取 0.08 mol（3.20g）NaOH 和 0.01 mol（0.53 g）无水 Na$_2$CO$_3$，同样溶于 30 mL 去离子水中得到碱液；将碱溶液和盐溶液迅速混合并搅拌 5 min，再利用 NaOH 溶液调节至 pH ≥ 12，溶液总体积控制在 80 mL。将所得浆液转移到 100 mL 水热反应釜中，并在 35℃、70℃、105℃、140℃、175℃下，水热反应 16 h。反应结束后将产物进行抽滤，并将所得水滑石滤饼洗涤至中性。然后将滤饼在 70℃下干燥至恒重。研磨，过 200 目筛，备用。通过扫描电镜等测试方法观察制备出的水滑石形貌和组织结构等。通过红外光谱分析结构得到水滑石层间阴离子、结晶水及层中晶格氧振动的有关信息。通过催化剂催化水解 COS 的水解效率选择最优合成水热温度。实验流程如图 2-13 所示。

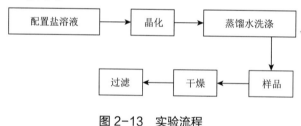

图 2-13　实验流程

4. 焙烧温度对 COS 催化水解活性的影响

在合成催化剂的前驱物类水滑石的基础上，有必要对前驱物进行改性，而焙烧是一种很好的对类水滑石进行改性的方法。选择焙烧温度为 200℃、300℃、400℃、500℃、600℃和 700℃进行考察，同时进行了空白试验，即在没有焙烧时材料在低温下催化水解 COS 的催化活性。通过实验可以确定最佳焙烧温度。

（三）产物中 Mg^{2+}、Al^{3+} 含量的测定

采用络合滴定法，用 EDTA 滴定样品（和残留液）Mg^{2+}、Al^{3+} 组成，具体过程如下。称取水滑石样品约 1.0 g，用稀 HCl 溶解后，配成待测溶液。

（1）Mg^{2+} 的测定：移取 25.00 mL 溶液到锥形瓶中，加入过量三乙醇胺溶液将 Al^{3+} 充分络合，再加入氯化铵—氨水缓冲液，调节 pH 值约为 10，铬黑 T 作指示剂，溶液呈紫红色。用已标定的 EDTA 标准液滴定溶液，直至其变为纯蓝色为止。平行三次，记录用去的溶液体积，取平均值计算 Mg^{2+} 的含量。

（2）Al^{3+} 的测定：移取 25.00 mL 的溶液到锥形瓶中，加入过量 EDTA 标准液，煮沸

1 min，冷却后加乙酸钠—乙酸缓冲溶液，调节 pH 值约为 6，二甲酚橙作指示剂，用 Zn^{2+} 标准液滴定溶液至浅粉红色。平行三次，记录用去的 Zn^{2+} 溶液的体积，取平均值计算 Al^{3+} 的含量。

实验流程如图 2-14 所示。

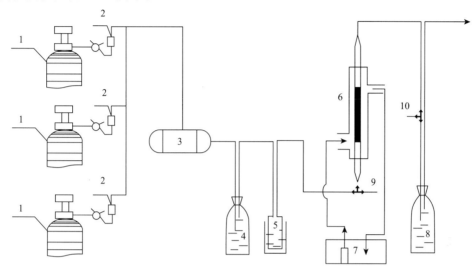

1—钢气瓶（N_2、COS、O_2）；2—质量流量计；3—混合罐；4—水饱和器；5—气体预热装置；

6—固定床反应器；7—恒温控温仪；8—尾气吸收器；9—进口采样点；10—出口采样点。

图 2-14　实验流程图

七、数据分析

记录镁铝复合金属催化剂合成的最佳金属配比、合成 pH、水热温度、焙烧温度并设计表格记录。

（1）不同金属配比分析（表 2-12）。

表2-12　不同金属配比分析表

配比	Mg（NO_3）$_2$·6H_2O	Al（NO_3）$_3$·6H_2O
1/1		
2/1		
3/1		
4/1		
...		

（2）pH 值影响分析（表 2-13）。

表2-13　pH值影响分析表

pH 值	催化剂的前驱物 （类水滑石）
7.0	
8.0	
9.0	
10.0	
11.0	
...	

（3）水热温度影响分析（表 2-14）。

表2-14　水热温度影响分析表

水热温度	催化剂
35℃	
70℃	
105℃	
140℃	
175℃	
210℃	
245℃	

（4）焙烧温度影响分析（表2-15）。

表2-15 焙烧温度影响分析表

焙烧温度	催化剂
0℃	
200℃	
300℃	
400℃	
500℃	
600℃	
700℃	
...	

八、特性与措施

（1）铝镁水滑石物理、化学性质（表2-16）。

表2-16 铝镁水滑石物理、化学性质表

密 度	沸 点	分子式	分子量	闪 点	精确质量	PSA
2.0 g/cm³	333.6℃ at 760 mmHg	$CH_{24}Al_2Mg_6O_{23}$	603.981 00	>110℃	601.944 00	423.790 00

（2）急救措施与应急处理（表2-17）。

表2-17 急救措施与应急处理表

出现现状	急救措施与应急处理
吸入	如果吸入，请将患者移到新鲜空气处。如呼吸停止，应进行人工呼吸

出现现状	急救措施与应急处理
皮肤接触	用肥皂和大量的水冲洗
眼睛接触	用水冲洗眼睛作为预防措施
食入	切勿给失去知觉者通过口喂任何东西。用水漱口
环境保护措施	不要让产品进入下水道
泄漏化学品的收容、清除方法及所使用的处置材料	扫掉和铲掉。放入合适的封闭容器中待处理

九、创新思考

（1）考虑可以合成类水滑石结构的其他过渡金属有哪些？

（2）考虑该类复合金属催化剂可用来脱除哪些气体污染物？

实验五　大气细颗粒物质量浓度及氧化潜势测定实验

一、实验目的

（1）了解大气气溶胶样品采集的基本技术。

（2）掌握安德森八级采样器的采样流程。

（3）掌握大气细颗粒物毒性的分析方法。

（4）掌握大气细颗粒物组分分析方法。

二、实验原理

（一）气溶胶粒度分布采样器

气溶胶粒度分布采样器是模拟人呼吸道的解剖结构和空气动力学特征，采用惯性撞击原理，将悬浮于空气中的粒子，按其空气动力学等效直径的大小，分别收集在各级采集板上，然后通过称重或进行物理、化学、放射学性质分析，以评价环境气溶胶对人类健康的危害程度。

气溶胶粒度分布采样器由撞击器、采集板、前分离器、主机（流量计）及三脚架组成。

（1）撞击器。撞击器是由八级带有微小喷孔的铝合金圆盘及过滤器构成，圆盘下放采集板，圆盘间有密封胶圈，用底座上三个弹簧挂钩固定在一起，圆盘上环形排列着精密的喷孔，当空气进入采样口后，气流速度逐级增高，不同大小的粒子按空气动力特征分别撞击在相应的采集板上，每级收集到的粒子大小范围取决于该级的喷孔速度和上级的截挡状况。没被收集的粒子随着板边周围的气流进入下级，以此类推，直至加速到足以被撞击为止。第八级是备用过滤器，可装 ϕ80 mm 滤膜，没有收集到的亚微米粒子被滤膜捕获。每级有一个可装卸的不锈钢采集板，第 0、1 级的采集板在中心部位有 ϕ22.5 mm 的孔，可使气流从中心通过。

（2）前分离器。在含有 > 10 μm 粒子的环境中采样，使用前分离器可防止粒子的反弹和重复输送。前分离器是一个有 ϕ12.8 mm 的进气管和三个出气管的撞击室。这种设计能大大降低涡流，并且在收集到几克重粒子的情况下，不过载。

使用前分离器时，用前分离器取代撞击器上部的进气口，用三个弹簧挂钩固定在撞击器上，无须再作调节。

（3）主机。28.3 L/min 采样流量由连续运转的抽气机提供，流量调节旋钮控制采样流量，玻璃转子流量计指示流量。

安德森八级采样器如图 2-15 所示。

图 2-15　安德森八级采样器

（二）技术性能

（1）捕获率：99.99%。

（2）采集粒子范围：0 级为 9.0 ～ 10 µm；1 级为 5.8 ～ 9.0 µm；2 级为 4.7 ～ 5.8 µm；3 级为 3.3 ～ 4.7 µm；4 级为 2.1 ～ 3.3 µm；5 级为 1.1 ～ 2.1 µm；6 级为 0.65 ～ 1.1 µm；7 级为 0.43 ～ 0.65 µm；8 级为亚微米（滤膜）。

（3）采样流量：28.3 L/min（可调）。

（4）电源：AC 220 V。

（5）重量：5 kg（撞击器 1.5 kg、前分离器 0.4 kg、主机 3kg）。

（6）体积：撞击器 ϕ98 mm×212 mm；前分离器 ϕ89 mm×80 mm。

（三）基本配置

主机：1 套（含真空泵、流量计、定时器）；撞击器：1 只；三脚架：1 只；分离器：1 只；不锈钢采集板：1 套；操作手册：1 份；铝合金手箱：1 只。

（四）PM 氧化潜势的分析方法

目前，一些非细胞分析方法被用来量化 PM 氧化潜势。这些分析方法包括二硫苏糖醇（DTT）、抗坏血酸（AA）、三羧酸乙基膦、谷胱甘肽（GSH）以及顺磁共振（EPR）等。其中，DTT 分析法和 AA 分析法是两种最常用的分析方法。这两种不同的分析方法对应不同的气溶胶响应成分，并与不同的健康响应终端有关。比如，AA 分析法对过渡金属响应较灵敏，但对醌类化合物响应较弱。而 DTT 试剂对有机物响应灵敏，包括水溶性有机碳（WSOC）、Hulis 和醌类化合物等，其他的研究也表明 DTT 试剂对过渡金属，比如 Cu 和 Mn，活性响应也较明显。

DTT 分析法：DTT 是一种强还原剂，通过氧化后形成含有二硫键的六元环结构。DTT 在氧化还原活性物质作用下（如醌）通过氧化还原反应定量测量 ROS 的形成能力。氧化还原活性物质将 DTT 氧化成二硫化物形式，并向溶解氧中提供电子，形成超氧化物。通过使用硫醇试剂 5，5- 二硫代 -2- 硝基苯甲酸（DTNB）与剩余的 DTT 反应，生成 2- 硝基 -5- 硫代苯甲酸（TNB），而 TNB 是一种有色加合物。它在可见光范围内具有较高的摩尔消光系数（412 nm 时为 14 150 L·mol^{-1}·cm^{-1}），因此在 412 nm 处测量混合溶液的吸光度可以计算 DTT 的消耗速率，该测量过程必须在 2 h 内进行。然后通过 DTT 的消耗速率来衡量物质的氧化还原活性（图 2-16）。

$$PM + \begin{array}{c} HO \\ \\ HO \end{array}\!\!\Big\rangle\!\!\begin{array}{c} SH \\ \\ SH \end{array} \longrightarrow PM^- + H^+ + \begin{array}{c} HO \\ \\ HO \end{array}\!\!\Big\rangle\!\!\begin{array}{c} S^- \\ \\ SH \end{array} \tag{1}$$

$$PM + \begin{array}{c} HO \\ \\ HO \end{array}\!\!\Big\rangle\!\!\begin{array}{c} S^- \\ \\ SH \end{array} \longrightarrow PM^- + H^+ + \begin{array}{c} HO \\ \\ HO \end{array}\!\!\Big\rangle\!\!\begin{array}{c} S \\ \\ S \end{array} \tag{2}$$

$$2PM^- + 2O_2 \longrightarrow 2PM + 2O_2^- \tag{3}$$

$$2H^+ + 2O_2^- \longrightarrow O_2 + H_2O_2 \tag{4}$$

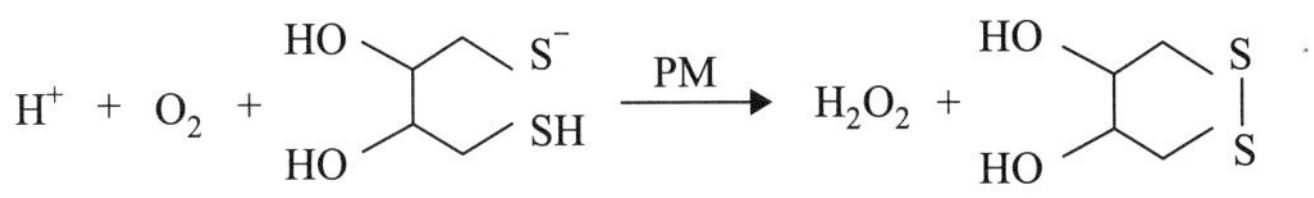

$$H^+ + O_2 + \begin{array}{c} HO \\ HO \end{array}\begin{array}{c} S^- \\ SH \end{array} \xrightarrow{PM} H_2O_2 + \begin{array}{c} HO \\ HO \end{array}\begin{array}{c} S \\ S \end{array} \tag{5}$$

图 2-16　DTT 化学反应过程

为了分析 DTT 的响应，我们使用了两个标准化单位：DTT 活性（nmol DTT min^{-1} μg^{-1}）和氧化剂生成毒性的标准化指数（NIOG）。DTT 活性表示每微克颗粒样品每分钟的 DTT 消耗。但是，NIOG 表示每微克颗粒样品每分钟吸光度下降百分比。为了与之前大多数文献选用的表达方式统一，我们选择 DTT 活性来表示 DTT 对活性组分的响应，可表示为 nmol DTT min^{-1} μg^{-1} 和 nmol DTT min^{-1} m^{-3}。最后，这里还需指出关于 DTT 分析法的一些注意点和不足之处：由于 DTNB 和 TNB 都对光敏感，因此该反应应选择在黑暗条件下进行；DTT 对少数物种具有反应活性；在 DTT 实验中需要另外与 DTNB 反应，这可能是实验误差的潜在来源。

AA 分析法：抗坏血酸（AA）是一种天然存在的具有抗氧化性能的有机化合物，是维生素 C 的一种存在形式。该试剂通常在体内和体外使用，用来确定 PM 中过渡金属等的氧化潜势。AA 消耗金属离子和氧气，最终产生 OH 自由基。图 2-17 说明 AA 还原颗粒生成了过氧化氢。在 AA 分析法中，PM 能够催化 AA 消耗氧气。该方法中，氧化潜势的测定表示每毫克颗粒物 AA 的消耗量。也可表示与 PM 活性组分反应时 AA 的消耗速率，可在吸光度为 265 nm 下测量。

$$Asc + 2PM \longrightarrow Asc_{ox} + 2PM^- \tag{1}$$

$$2O_2 + 2PM^- \longrightarrow 2PM + 2O_2^- \tag{2}$$

$$2Fe(\text{III}) + Asc \longrightarrow 2Fe(\text{III}) + Asc_{ox} \tag{3}$$

$$Fe(\text{II}) + H_2O_2 \longrightarrow OH + Fe(\text{III}) + H_2O \tag{4}$$

图 2-17　AA 化学反应过程

其他分析方法：还有一些其他的检测方法可以用来检测分析 PM 产生的 ROS。这些探针都显示出特定的优点和缺点，这使得它们在 PM 氧化潜势研究中并不常用。比如，电子顺磁共振（EPR），可以通过自旋直接检测和定量持久性自由基，或者间接检测和定量存在时间短的超氧化物和 OH 自由基等。因此，EPR 只能直接检测半衰期较长的物种，不适合用于对 ROS 的实时监测。当使用特定的自旋或探针与特定试剂结合时，该方法只识别特定的自由基。而且 EPR 价格昂贵、仪器复杂，由于稳态浓度低，自由基寿命短，因此灵敏度低。二氢罗丹明（DHR-6G）是一种非荧光的 ROS 指示剂，在 PM 氧化还原组分作用下可以氧化成阳离子、高荧光的罗丹明。DHR-6G 对碳中心、过氧基、烷氧基和 OH 自由基具有反应性。该方法下 ROS 定量是基于自由基与 DHR-6G 反应过程中形成的罗丹明浓度。一般来说，过氧化氢和过氧化物也可以用于对羟基苯乙酸（或二羟基苯甲酸钠）的检测和定量。这也是一种基于荧光的分析方法，使用 HRP 与过氧化氢分子形成荧光聚磷酸二聚体。通过与标准化的过氧化氢溶液的荧光峰面积比较，然后确定过氧化氢的浓度。其中，对羟基苯乙酸的反应需要 5 min 才能完成，并且化合物在光或空气中不易自动氧化。

三、实验主要设备（软件）

（1）大气细颗粒物采样器。
（2）酶标仪。

四、实验内容

抽取一定体积的空气，使之通过已恒重的滤膜，则悬浮微粒被阻留在滤膜上，根据采样前后滤膜重量之差及采气体积，计算总悬浮颗粒物的质量浓度。

采用 DTT 分析法测定 PM 氧化潜势发现醌类是重要的一类化合物。事实上，9,10-菲醌（PQ）已被许多研究小组普遍用作 DTT 分析的阳性对照。此外，1,2- 萘醌（1,2-NQ）和 1,4- 萘醌（1,4-NQ）也被鉴定为具有 DTT 活性，但其内在活性低于 PQ。醌类对 PM 氧化潜势的影响主要是通过将电子从 NADPH 迁移至氧分子上催化生成 H_2O_2 和 O_2^- 来完成的。由于这些醌类对 DTT 有明显的活性，一些早期的研究者认为环境 PM 的 DTT 活性主要是由这三个醌类化合物所驱动的。

研究小组对大气不同粒径 PM 的毒性已经进行了大量的研究，但对氧化潜势粒径分布的研究却非常有限。一些研究通过多功能气溶胶浓度富集系统（VACES）收集了不同粒径 PM，并对不同粒径包括超细颗粒（空气动力学直径，$Dp < 0.18$ μm）、积累模态（$0.18 \leq Dp \leq 2.5$ μm）和粗模态（$Dp > 2.5$ μm）范围气溶胶的氧化潜势经过归一化后进行对比。研究发现，积累模态颗粒在每单位空气体积中氧化潜势最高，而超细颗粒每单位质量 PM 中的氧化潜势比积累模态和粗颗粒的氧化潜势高。

质量归一化和体积归一化是对不同粒径 PM 氧化潜势标准化后直接进行比较最常用的两种方法。通常，质量归一化的 PM 氧化潜势随粒径的增大而减小。比如，在乔治亚和加利福尼亚州的多项研究中，发现超细 PM（< 0.18 μm）具有最高的氧化潜势。然而，在加利福尼亚州研究中发现的亚微米 PM（0.17 μm $\leq Dp \leq 1.0$ μm）氧化潜势大于在希腊塞萨洛尼基市所测到的亚微米 PM（0.17 μm $\leq Dp \leq 1.0$ μm）氧化潜势。而根据伦敦的一项研究，质量归一化似乎与颗粒尺寸没有明显的相关性。目前的研究发现，体积归一化比质量归一化的结果与健康关系更为紧密。在佐治亚州亚特兰大市的 PM 研究中，发现水溶性部分体积归一化的 PM 氧化潜势峰值在 $1 \sim 2.5$ μm。而在洛杉矶，PM 氧化潜势体积归一化后峰值出现在 0.18 μm $\leq Dp \leq 2.5$ μm。在乔治亚州亚特兰大市 PM 研究中，发现 PM 氧化潜势经过体积归一化后，水溶性部分 PM 氧化潜势呈单峰分布，这是由于细模态颗粒的影响结果。同样地，科研人员对 PM 非水溶性部分进行研究，发现非水溶性部分 PM 氧化潜势呈现双模态峰分布，这是由于细颗粒和粗颗粒影响的结果。总的来说，超细

和精细 PM 对 PM 氧化潜势贡献最大。这些研究不能被认为是决定性的，因为它们只研究了细颗粒和粗颗粒，而不是粒度更大的分级颗粒，但仍然提供了粒径对 PM 氧化潜势影响的见解。

五、实验操作步骤

（一）安德森采样器流量校正

（1）安德森气溶胶粒度分布采样器 JWL-8 的标准采样流量是 28.3 L/min，采样前校正好流量。

（2）必须保证圆盘孔眼通畅，按顺序装配好撞击器，注意放好各级间密封圈，挂上三个弹簧挂钩。

（3）用橡胶管连接撞击器出气口→主机进气口。取下撞击器进气口上盖。

（4）主机接上电源，按下主机上"电源开关"，调节"流量调节"旋钮，使流量计的转子稳定在 28.3 L/min。

（二）安德森采样器清洗处理

（1）用中性洗涤剂温水清洗撞击器和采集板，最好用超声波清洗，以除去喷孔的塞物。清洗后擦干或用无毛纸巾吸干。

（2）用手拿撞击盘和采集板的边缘，不要让皮肤油脂沾到喷孔和采集面上。

（3）检查各级喷孔，若发生堵塞，用电吹风或便携的氟利昂枪去清洁喷孔，或用备用细针轻轻清除，绝不可用硬质物件处理，以保证喷孔的精确度。

（4）准备好 ϕ80 mm 玻璃纤维滤膜（7 片 / 次），及中心位置开孔（ ϕ22.5 mm ）的玻璃纤维滤膜（2 片 / 次）。可采用其他采集衬垫物如纤维素、铝箔、维尼龙等材料。

（三）安德森采样器现场采样

（1）将三脚架支开并锁紧，把三脚架顶部的圆盘调至水平，撞击器放置在圆盘上，主机放在桌上或地上，用橡胶管连接撞击器出气口→主机进气口。

（2）将安德森撞击器三个弹簧挂钩拉下，取下各级撞击盘，把 ϕ80 mm 的玻璃纤维滤膜，放入第八级过滤器中，把 O 型圈压在滤膜上。

（3）依次放入不锈钢采集板，采集板安放在三个凸起有槽口的定位块上，以防止其活动。第 0、1 级的采集板中心位置有 ϕ22.5 mm 的孔。

（4）把 ϕ80 mm 的玻璃纤维滤膜放入不锈钢采集板内，表面必须同采集板弯边顶部齐平，以保持喷孔与采集面的距离。第 0、1 级采集板上滤膜中心有圆孔。

（5）也可将不锈钢采集板底面朝上放置，底面涂抹硅油或真空脂进行采样。

（6）把顶部的进气口或者前分离器安装就位，挂上三个弹簧挂钩。

（7）取下进气口上盖，启动主机进行采样。可用配备定时器设定采样时间。

（8）采样完毕，记录采样时间，取出采集板和滤膜，注意顺序和编好号码，以备重量分析或化学检测。

（四）HULIS 固相萃取步骤

取 1/4 膜用 2×20 mL DI 超声振荡—用 0.45 μm 特氟龙针筒式过滤器提取溶解—加入盐酸酸化样品（至 pH=2）—样品通过 C18 柱子［柱子先通甲醇（2 mL）再通 DI（2×5 mL）的柱子］—此时柱子上留下的疏水性部分（这一部分就是 HULIS）—甲醇洗脱（10 mL）—氮吹洗脱液—加入 DI 氮吹剩下的成分—调节亲水性和 HULIS（疏水性）pH 为 7，用 NaOH 调节—待测。

材料—μm 特氟龙针筒式过滤器、纯盐酸、C18 柱、甲醇、DI（pH=2）、氮吹装置、NaOH。

金属浓度测量通过 ICP-MS：取 1/4 膜，用 3 mL DI 溶解，超声振荡，提取 1.5 mL 溶液，加 5.5 mL 纯硝酸酸化，共 7 mL 体积，待测。

样品 DTT 实验（流程如图 2-18 所示）。

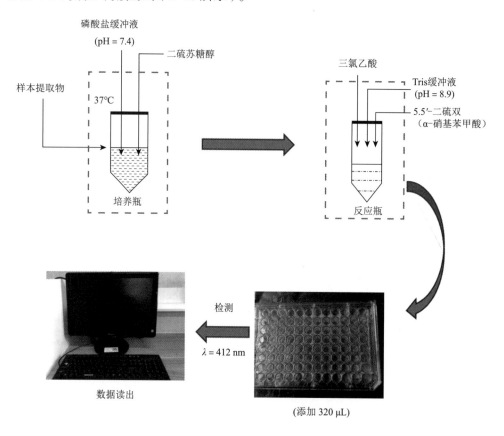

图 2-18　DTT 实验流程图

首先，配置曲如表 2-18 所示。

表2-18 DTT实验配置曲

管 号	PBS/μL	DTT/μL	TCA/μL
1	900	100	100
2	920	80	100
3	940	60	100
4	960	40	100
5	980	20	100
6	1 000	0	100

取出 200 μL 至反应皿—加入 100 μL Tris，再加入 20 μL DTNB，412 nm 下检测。

其次，取 1/4 膜，用 2 μL DI 溶解，超声振荡，提取溶解溶液。存储于 -25℃冰箱内。

取 100 μL 样品至小离心管，加入 100 μL DTT，再加入 800 μL PBS，配成 1 000 μL，此时样品浓度被稀释10倍，得出不同时间下，37℃下的反应时间。10 min、20 min、30 min 反应时间后，分别加入 100 μL TCA 终止反应—从中取 200 μL 至反应皿，加入 100 μL Tris，再加入 20 μL DTNB，412 nm 下检测（酶标仪）。

溶液配制如下。

0.1 mol/L PBS：1.199 g（2H），5.678 g（1H），DI：500 mL，pH=7.45。

10% TCA：10 g TCA 和 100 mL/DI。

0.4 moL/L Tris-HCl 和 20 mmol/L EDTA：Tris：4.845 6 g，EDTA：0.584 5 g   DI：80 mL；然后用盐酸将 pH 调至 8.9，加超纯水最终定容至 100 mL。

1 mmol/L DTT：15.424 mg DTT，100 mL PBS。

10 mmol/L DTNB：39.634 mg DTNB，10 mL PBS。

纯物质：（μmol/L）。

金属：Cu、Mn、Fe[Cu 浓度（μmol/L）设定：0.005，0.01，0.5，1，5，10；Mn 浓度（μmol/L）设定：0.005，0.01，0.5，1，5，10；Fe^{2+} 浓度（μmol/L）设定：0.5，1，5，8，10]。

醌类物质：9,10-PQ（0.005，0.01，0.05，0.1，0.2），1,2-NQ（0.005，0.01，0.05，0.1，0.5，1），1,4-NQ（0.5，1，2，3）。

配好后，重复上述实验。得到 DTT 消耗速率与浓度的关系。

此部分可以结合 ICP-MS 计算样品中金属 DTT 消耗量。

配 10 mmol/L 的 Cu，需要 5 mL DI、0.32 mg Cu，然后稀释 1 000 倍得到 10 μmol/L（表2-19），以此类推。

表2-19　10 mmol/L Cu的配制方法

	mg	DI/mL	浓度 /(μmol · L⁻¹)
Cu(64)		5	0.005
		5	0.01
		5	0.5
		5	1
		5	5
		5	10

配 10 mmol/L 的 Mn，需要 5 mL DI、0.275 mg Mn，然后稀释 1 000 倍得到 10 μmol/L（表 2-20），以此类推。

表2-20　10 mmol/L Mn的配制方法

	mg	DI/mL	浓度 /(μmol · L⁻¹)
Mn(55)		5	0.005
		5	0.01
		5	0.5
		5	1
		5	5
		5	10

配 10 mmol/L 的 Fe，需要 5 mL DI、0.28 mg Fe，然后稀释 1 000 倍得到 10 μmol/L（表 2-21），以此类推。

表2-21　10 mmoL/L Fe的配制方法

	mg	DI/mL	浓度 /(μmol · L⁻¹)
Fe(56)		5	0.5
		5	1
		5	5
		5	8
		5	10

配 0.2 mmol/L 的 9,10-PQ，需要 5 mL DI、0.208 mg 9,10-PQ，然后稀释 1 000 倍得到 0.2 μmol/L（表 2-22），以此类推。

表2-22 0.2 mmol/L的9,10-PQ的配制方法

	mg	CH₂Cl/mL	浓度 /(μmol · L⁻¹)
		5	0.005
		5	0.01
9,10−PQ(208.22)		5	0.05
		5	0.1
		5	0.2

配 1 mmol/L 的 1,2-NQ，需要 5 mL DI、0.790 mg 1,2-NQ，然后稀释 1 000 倍得到 1 μmol/L（表 2-23），以此类推。

表2-23 1 mmol/L的1,2-NQ的配制方法

	mg	CH₂Cl/mL	浓度 /(μmol · L⁻¹)
		5	0.005
		5	0.01
		5	0.05
1,2−NQ(158.15)		5	0.1
		5	0.5
		5	1

配 3 mmol/L 的 1,4-NQ，需要 5 mL DI、2.373 mg 1,4-NQ，然后稀释 1 000 倍得到 3 μmol/L（表 2-24），以此类推。

表2-24 3 mmol/L的1,4-NQ的配制方法

	mg	CH₂Cl/mL	浓度 /(μmol · L⁻¹)
		5	0.5
		5	1
1,4−NQ(158.18)		5	2
		5	3

分析不同粒径颗粒物的氧化潜势，从而得到不同粒径颗粒物中组分的相对贡献。报告写出不同粒径颗粒物氧化潜势的粒径分布特征。可以通过以下三种方法进行表示。

（1）表格法：在表格中将所有粒径区间及其所对应的含量百分数一一列出的方法，分区间分布和累积分布两种形式。表格法是最常用的粒度分布表述形式。

（2）图形法：用直方图、区间分布曲线和累积分布曲线等图形方式表示粒度分布的方法。它也是最常用的粒度分布表述形式。

（3）函数法：用数学函数形式表示粒度分布的方法。常见的有正态分布函数、对数正态分布函数、R-R 分布函数等。

六、实验报告要求

（1）确定撞击器各级滤膜的重量变化。

（2）把各级称重变化加起来，以获得所采集的粒子总称重。

（3）各级粒子重量 = 该级粒子重量 / 总重量 ×100%。

（4）要求具备不同粒径颗粒物氧化潜势分布特征以及不同粒径颗粒物质量浓度的分布特征。

七、思考讨论

（1）采样地点的选择有哪些要求？

（2）样品的保存方式有哪些？

（3）颗粒物组分可能包括哪些？

（4）颗粒物毒性的分析方法或检测方式有哪些？

实验六　工业尾气处理流程设计实验

一、实验意义和目的

工业尾气未经处理直接排放在大气中势必会对周围的环境造成污染，影响周围居民的生活。工业尾气含有二氧化硫（SO_2）、氮氧化物（NO_x）、一氧化碳（CO）等污染气体。本次实验将通过对工业尾气各部分进行实验处理，使学生学习工业尾气的组成以及危害，加强工业尾气处理的应用。

二、实验原理

工业尾气中一般含有多种成分，如颗粒物、二氧化硫、氮氧化物等，因此在对工业尾气处理的过程中需分步骤多次进行处理，包括颗粒沉降、脱硫、脱氮等。袋式除尘器是一种干式滤尘装置。当含尘气体进入袋式除尘器后，颗粒大、比重大的粉尘，由于重力的作用沉降下来，落入灰斗，含有较细小粉尘的气体在通过滤料时，粉尘被阻留，使气体得到净化。

颗粒物（Particulate matter，PM）泛指悬浮在空气中的固体颗粒或液滴，颗粒微小甚至肉眼难以辨识但仍有尺度的差异。在环境科学中，人类活动造成的过量颗粒散布与悬浮为空气污染的主要原因之一，可能会对生物体造成伤害或影响生态及能量圈循环，其涵盖范围广泛，如水雾、尘埃、花粉、皮屑、过敏源、霾、废气、农药、肥料以及废弃物等，还有前驱物在大气环境中经过一连串极其复杂的化学变化与光化反应后形成的硫酸盐、硝酸盐及铵盐。其中，颗粒物空气动力学直径（以下简称粒径）小于或等于 10 微米（μm）的颗粒物称为颗粒物（PM_{10}）；粒径小于或等于 2.5 微米的颗粒物称为细颗粒物（$PM_{2.5}$）。

二氧化硫（SO_2）是最常见的硫氧化物，无色气体，具有强烈刺激性气味，是大气主要污染物之一，许多工业过程中也会产生二氧化硫。由于煤和石油通常都含有硫化合物，因此燃烧时会生成二氧化硫。当二氧化硫溶于水中时，会形成亚硫酸（酸雨的主要成分）。若把 SO_2 进一步氧化，通常在催化剂如二氧化氮的作用下，便会生成硫酸。

氮氧化物（NO_x）指的是只由氮、氧两种元素组成的化合物。除五氧化二氮常态下呈固体外，其他氮氧化物常态下都呈气态。作为空气污染物的氮氧化物（NO_x）常指 NO 和 NO_2。

经过沉降的气体先进行脱硫处理，含 SO_2 的气体可采用吸收法净化。活性炭有较大的比表面积（可达到 1 000 m^2/g）和较高的物理吸附性能。吸附二氧化硫是可逆过程，在一定温度和气体压力下达到吸附平衡，而在高温、减压下被吸附的二氧化硫又被解吸出来，活性炭得到再生，实现重复利用。

吸附是指某种气体、液体或者被溶解的固体的原子、离子或者分子附着在某表面上。这一过程使得某表面上产生由吸附物构成的膜。吸附不同于吸收，吸收是指作为吸附物的液体浸入或者溶解于另一液体或固体中的过程。吸附仅限于固体表面，而吸收同时作用于表面和内部。

吸附也属于一种传质过程，物质内部的分子和周围分子有互相吸引的引力，但物质表面的分子，其中相对物质外部的作用力没有充分发挥，所以液体或固体物质的表面可以吸附其他的液体或气体，尤其是在表面面积很大的情况下，这种吸附力能产生很大的作用，所以工业上经常利用大面积的物质进行吸附，如活性炭、水膜等。吸附过程有以下两种。

（1）物理吸附。在吸附过程中物质不改变原来的性质，因此吸附能较小，被吸附的物质很容易再脱离，如用活性炭吸附气体，只要升高温度，就可以将被吸附的气体逐出活性炭表面。

（2）化学吸附。在吸附过程中不仅有引力，还运用化学键的力，因此吸附能较大，要逐出被吸附的物质需要较高的温度，而且被吸附的物质即使被逐出，也已经产生了化学变化，不再是原来的物质了，一般催化剂都是以这种吸附方式起作用的。

吸附法应用最为广泛，其具有能耗低、工艺成熟、去除率高、净化彻底、易于推广等优点，有很好的环境和经济效益。缺点是设备庞大、流程复杂，当废气中有胶粒物质或其他杂质时，吸附剂易堵塞失效。吸附法主要用于低浓度 VOCs 的处理。吸附剂是吸附法处理 VOCs 的核心，吸附剂应具有密集的细孔结构、比表面积大、吸附性能好、化学性质稳定、不易破碎、对空气阻力小等性能，常用的有活性炭、氧化铝、硅胶、人工沸石等。

目前，多采用活性炭，其去除效率高，且价格相对便宜。活性炭有颗粒状和纤维状两种。颗粒状活性炭结构气孔均匀，处理气体从外向内扩散，吸附、脱附都较慢；而活性炭纤维孔径分布均匀，孔径小且绝大多数是 1.5 ~ 3 nm 的微孔，由于小孔都向外，气体扩散距离短，因而吸附、脱附快。经过氧化铁、氢氧化钠或臭氧处理的活性炭往往具有更好的吸附性能。

相对于其他的吸收来说，用 NaOH 的水溶液来吸收 NO_x 是一个非常复杂的吸收反应。第一，NO_x 包括 NO、NO_2、N_2O_3 和 N_2O_4 等物质，其中 NO_2、N_2O_3 和 N_2O_4 都能在水蒸气中形成 HNO_2 和 HNO_3。第二，在气相中同时存在着可逆和不可逆反应。第三，伴随着化学反应，这些物质又能同时被吸收。但是综合起来，该吸收机理可分为三步：第一步，NO_x 穿过气液两相交界处的气膜和液膜；第二步，被溶解了的 NO_x 与水作用生成硝酸和亚硝酸；第三步，生成的酸和碱进行中和反应生成硝酸盐和亚硝酸盐。但同时 NO_x 与 OH^- 发生反应。

三、实验仪器和试剂

本实验采用一夹套式 U 形管吸附器，吸附器内装填活性炭。工业尾气经袋式除尘器后进入吸附器中（图 2-19）。吸附之后的混合气体通入装有吸收液的吸收管，在吸收过程中，经安全瓶后全程由 NO_x 分析仪器检测 NO、NO_2 的出口浓度，吸收后废气由塑料管排到室外。

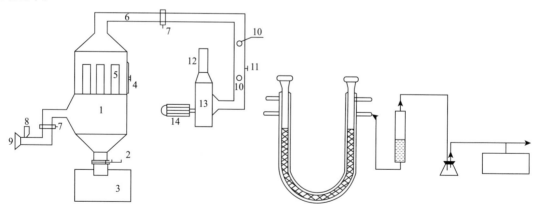

1—除尘器本体；2—出尘阀门；3—接尘斗；4—消尘门；5—布袋；6—风管；7—测压板；
8—加尘器；9—进风口；10—取样口；11—调节阀；12—排风管；13—风机；14—电动机。

图 2-19　系统组成

本实验中所涉及的仪器与试剂如表 2-25 所示。

表2-25 实验仪器与试剂规格参照表

序 号	名 称	参数及型号
1	吸附器	硬质玻璃，直径 d=15 mm，高度 H=150 mm，套管外径 D=25 mm，1个
2	活性炭	果壳，粒径 200 目
3	稳压阀	YJ-0.6 型，1个
4	蒸气瓶	体积 V=5 L，1个
5	冷凝器	常规，1个
6	加热套	M-106 型，功率 W=500 W，1个
7	医用注射器	容积 V=5 mL，1只；V=2 mL，1只
8	分光光度计	72 型
9	吸收管	内径为 2.2 cm；面积为 $3.799\ 4 \times 10^{-4}\,m^2$
10	NO_x 分析仪	42C-HL
11	调压器	TDGC-0.5 型，1台，功率 W=500 W
12	袋式除尘器	常规
13	常规仪器	锥形瓶、玻璃管、橡胶管、烧杯、天平、量筒等
14	甲醛吸收液	将已配好的吸收储备液稀释 100 倍，供使用
15	对品红储备液	将配好的 0.25% 的对品红稀释 5 倍后，配成 0.05% 的对品红储备液，供使用
16	NaOH 溶液	称 NaOH（6.0 g）溶于 100 mL 容量瓶中，供使用
17	氨基磺酸钠溶液	称 0.6 g 氨基磺酸钠，加 1.50 mol/L NaOH 溶液 4.0 mL，用水稀释至 100 mL，供使用

四、实验方法及步骤

实验前根据原气浓度确定合适的装炭量和气体流量，一般预选气体浓度为 2 500 ppm 左右，气体流量约 50 L/h，装炭量 10 g。吸附阶段需控制气体流量，保持气流稳定；在气流稳定流动的状态下，定时取净化后的气体样品测定其浓度；确定等温操作条件下吸附二氧化硫和氮氧化物的效率和时间。实验操作步骤如下。

（1）准备 SO_2 吸收液，将 25 mL 甲醛吸收液注入圆底吸收瓶中，用胶皮塞盖好，并抽成负压，准备 15 个，供使用。

（2）配置碱液吸收液。

（3）取原气样品三个，每个取 2 mL 于吸收瓶中，待测定。

（4）检查设备系统外况和全部电气连接线有无异常（如管道设备无破损等）。

（5）一切正常后开始操作。

（6）将工业尾气通入袋式除尘器，排气口与吸附装置连接。

（7）正确连接实验装置，检查管路系统，通过调节阀门使系统处于吸附状态。

（8）通过调节阀门使转子流量计调至刻度 10，同时记录开始吸附的时间。

（9）运行 10 min 后开始取样，每次取三个样，每次样品取 10 mL 于吸收瓶中。

（10）调转子流量计刻度 20、30、40 按上面步骤取样。

（11）用 NO_x 分析仪在线监控，直到混合气体稳定。

（12）量取 25 mL 配制好的碱液注入吸收管内，提高底端橡胶管，防止液体流出。

（13）将稳定的混合气体按流程通入吸收管内，由吸收液吸收，每分钟在线读取 NO_x 分析仪读数，记录浓度数据。

（14）实验停止，关闭阀门。

实验前的采样准备

1.采样要求

根据《中华人民共和国环境保护行业标准——固定源废气监测技术规范》采用仪器直接测试法采样。采样系统由采样管、颗粒物过滤器、除湿器、抽气泵、测试仪和校正用气瓶等部分组成，如图 2-20 所示。

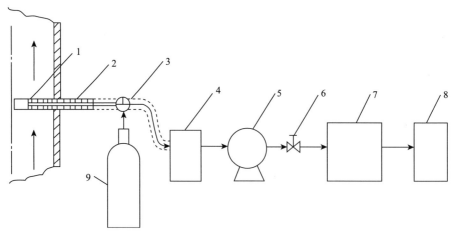

1—滤料；2—加热采样管；3—三通阀；4—除湿器；5—抽气泵；
6—调节阀；7—分析仪；8—记录器；9—标准气。

图 2-20　采样系统

2. 采样步骤

（1）使用吸收瓶或吸附管采样系统采样，其采样管的准备与安装分为如下步骤。

①清洗采样管，使用前清洗采样管内部，干燥后再进行使用。

②更换滤料，当填充无碱玻璃棉或其他滤料时，充填长度为 20 ～ 40 mm。

③采样管插入烟道近中心位置，进口与排气流动方向成直角。如使用入口装有斜切口套管的采样管，其斜切口应背向气流。

④采样管固定在采样孔上，不能漏气。

⑤在不采样时，采样孔要用管堵或法兰封闭。

（2）吸收瓶或吸附管与采样管、流量计量箱的连接。

①吸收瓶、吸收液与吸收瓶应按实验室化学分析操作要求进行贮存，并用记号笔注明样品编号。

②采样管与吸收瓶和流量计量箱应使用球形接头或锥形接头连接。

③准备一定量的吸收瓶，各装入规定量的吸收液，其中两个作为旁路吸收瓶使用。

④为防止吸收瓶磨口处漏气，可以用硅密封脂涂抹。

⑤吸收瓶和旁路吸收瓶在入口处，用玻璃三通阀连接。

⑥吸收瓶或吸附管应尽量靠近采样管出口处，当吸收液温度较高而对吸收效率有影响时，应将吸收瓶放入冷水槽中冷却。

⑦采样管出口至吸收瓶或吸附管之间的连接管要用保温材料保温，当管线较长时，须采取加热保温措施。

⑧用活性碳、高分子多孔微球作吸附剂时，如烟气中水分含量体积百分数大于 3%，为了减少烟气水分对吸附剂吸附性能的影响，应在吸附管前串接气水分离装置，除去烟气中的水分。

（3）漏气试验步骤。

①将各部件按图 2-19 连接。

②关上采样管出口三通阀，打开抽气泵抽气，使真空压力表负压上升到 13 kPa，关闭抽气泵一侧阀门，如压力计压力在 1 min 内下降不超过 0.15 kPa，则视为系统不漏气。

③如发现漏气，要重新检查、安装，再次检漏，确认系统不漏气后方可采样。

（4）采样操作。

①预热采样管。打开采样管加热电源，将采样管加热到所需温度。

②置换吸收瓶前采样管路内的空气。正式采样前，令排气通过旁路吸收瓶采样 5 min，将吸收瓶前管路内的空气置换干净。

③采样。接通采样管路，调节采样流量至所需流量进行采样，采样期间应保持流量恒定，波动应不在 ±10%。使用累计流量计采样器时，采样开始要记录累计流量计读数。

④采样时间。视待测污染物浓度而定，但每个样品采样时间一般不少于 10 min。

⑤采样结束。切断采样管至吸收瓶之间的气路，防止烟道负压将吸收液与空气抽入采样管。使用累计流量计采样器时，采样结束要记录累计流量计读数。

⑥样品贮存。采集的样品应放在不与被测物产生化学反应的容器内，容器要密封并注明样品编号。

采样时应详细记录采样时的工况条件、环境条件和样品采集数据（采样流量、采样时间、流量计前温度、流量计前压力、累计流量计读数等）。采样后应再次进行漏气检查，如发现漏气，应修复后重新采样。在样品贮存过程中，如采集在样品中的污染物浓度随时间衰减，应在现场随时进行分析。

五、实验数据记录

（1）记录实验数据及分析结果（表2-26）。

表2-26　实验结果及整理

时　间	气体流量 / (L·h⁻¹)	吸收液	液气比	液泛速度 / (m·s⁻¹)	SO₂剩余浓度	NOₓ剩余浓度	SO₂净化效率 /%	NOₓ净化效率 /%

（2）绘出时间与效率的曲线（图2-21）。

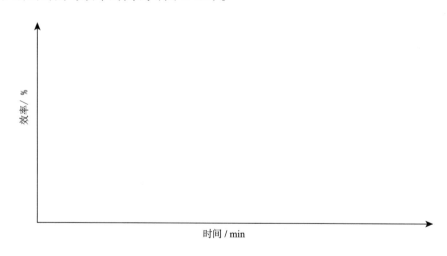

图 2-21　时间与效率曲线图

六、思考题

（1）活性炭吸附二氧化硫随时间的增加吸附净化效率逐渐降低，试从吸附原理出发分析活性炭的吸附容量及操作时间。

（2）随吸附温度的变化，吸附量也发生变化，根据等温吸附原理简单分析温度对吸附净化效率的影响。

第三篇

综合性实验

实验一　旋风除尘装置及处理效率实验

一、实验目的和意义

旋风除尘器是利用旋转的含尘气体所产生的离心力，将尘粒从气流中分离出来的一种气固分离装置。教学中通过本装置实验，进一步提高学生对旋风除尘器结构形式和除尘机理的认识；掌握旋风除尘器主要性能指标的测定内容和方法，并且对影响旋风除尘器性能的主要因素有较全面的了解；通过实验方案设计和分析实验结果，加强对学生综合应用能力和创新能力的培养。

（1）了解倾斜式微压计和空盒气压计的基本原理，掌握使用方法。

（2）通过本实验掌握旋风除尘器性能测定的主要内容和方法，并对影响旋风除尘器性能的主要因素有较全面的了解。

（3）掌握管道中各点流速和气体流量的测定。

（4）掌握旋风除尘器压力损失和除尘效率的测定。

二、实验意义

由于我国能源条件所限，一直以来煤炭都是我国主要的一次能源。这种以煤为主的能源结构决定了煤炭燃烧所产生的二氧化碳、二氧化硫、烟尘、粉尘等是造成我国大气污染的重要因素。

煤炭是一种复杂的混合物，通常由多种矿物质及有机物组成，如锰、硅、铁、钙、磷、硫、氮、氧、氢及碳等物质。除以上物质外，煤炭井下粉尘还包括喷射土尘、岩尘及煤尘等物质，煤矿井下粉尘的形态较为复杂、多元，通常以柱状、片状、棱角状及球状颗粒为主。煤矿井下粉尘在人体肺部中的纤维化强度与二氧化硅总量存在明显的关系，即二氧化硅的吸入量越高，则粉尘对人体的危害便越严重。粉尘分散度主要指粉尘中各类颗粒的百分比，在评价过程中需要通过质量分散度与数量分散度来表示，粉尘颗粒越小，其分散概率越大。粉尘颗粒在空气中的数量或质量浓度越高，被吸入的概率便会越大，危害性也会越高。

同时，矿业、建材、冶金、机械、水泥等行业飞速发展产生的烟尘、粉尘不仅增大了环境保护的压力，还严重影响了人们的健康。煤矿井下粉尘对矿工健康的危害，如井下粉尘容易引起矽肺病、煤肺病等尘肺病和慢性肺病、脓皮病、毛囊炎、粉刺、皮脂炎等疾病。尘肺病是我国最常见、危害最大、范围最广的职业病，该病患者约占职业病总人数的90%，而且该病没有治疗的特效药，一旦患上则无法治愈，因此尘肺病重在预防。预防尘肺病要从根源入手，要从粉尘治理入手。煤矿井下粉尘对生产安全的危害，如浓度较高的粉尘容易造成粉尘爆炸和设备老化等问题，尤其是粉尘爆炸，在危害生产的同时，也严重威胁着井下矿工的生命健康。

三、实验原理和方法

旋风除尘器也称离心除尘器，主要用于清除工业废气中含有密度较大的非纤维性及非黏结性粉尘，可用于矿山、冶金、耐火材料、煤炭、化工及电力等行业的通风除尘与物料回收系统，尤其适宜高温烟气的初始净化。

旋风除尘器是工业生产领域最常见的除尘设备，在多级除尘、退火炉以及规模较小的锅炉中应用较多。它的主要工作原理是将含尘气流通过旋转的气流，借助离心力来有效分离粉尘。与重力沉降室相比，旋风除尘器功能更优，使粉尘受到的离心力为重力的 5 ～ 2 500 倍。因此，为了达到良好的除尘效果，可以选择旋风除尘器，能对 5 ～ 10 μm 粒径的粉尘进行分离。在风量固定的情况下，它还具有节省空间和结构紧密、程度高的优点。

旋风除尘器的除尘原理：旋风除尘器主要由排灰管、进 / 出排气管、圆锥体以及筒体等组成。如图 3-1 所示，空气夹带着粉尘从进气口流入圆柱管内，为了使气流产生涡旋，进气口沿着圆周切向布置，如此，进入的空气产生外涡旋，且边旋转边下沉，出气管口垂直向下开着，这样，外涡旋气流不至于立刻流出，而必须沉降到底部，然后返回，在外涡旋的内部生成内涡旋上升气流，然后从排气口喷出。气流中的粉尘在旋转下沉的过程中不断被甩向柱壁，然后在重力的作用下沉降到除尘器底部，如此，大颗粒粉尘在除尘器底部沉积下来。

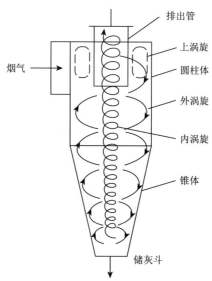

图 3-1　旋风除尘器概念图

在运行状态下，旋风除尘器的处理流程主要是在进气口以高切向速度通入气流（含粉尘），通常高切向速度在 12 ～ 25 m·s⁻¹。气流进到圆筒后，直线运行的气流会改变运动形式做圆周运动，同时顺着内外圆筒之间的环路空间、椎体结构，呈从上而下的螺旋线运动，也可以称为外旋流运动。

在旋风除尘器工作的过程中，气流（含粉尘）在旋转时会形成较大离心力。因为粉尘惯性比空气大，所以粉尘会甩到器壁上。粉尘与除尘器的器壁接触后，会受入口速度的动量和自身重力的双重作用，顺着器壁面不断下落，同气相分离，将圆锥体底部粉尘排到集灰箱，即完成除尘操作。在旋转下降过程中，外旋流在圆锥结构中运动时，圆锥体不断收缩也会使粉尘聚集到除尘器中心。结合旋转距不变的原则，在提升粉尘切向速度后，离心力也会增大。气流到达特定圆锥体位置后会保持相同的旋转方向，呈从下而上的螺旋线运动，这种运动为内旋流运动。除尘器排气管排出经过净化的气体后，其中也会夹杂一些没有捕集的粉尘粒。

含尘气体从入口导入除尘器的外壳和排气管之间，形成旋转向下的外旋流。悬浮于外旋流的粉尘在离心力的作用下移向器壁，并随外旋流转到除尘器下部，由排尘孔排出。

（一）气体温度和含湿量的测定

由于除尘系统吸入的是室内空气，因此可用室内空气的温度和湿度代表管道内气流的温度 t_s 和湿度 y_w。由挂在室内的干湿球温度计测量得出干球温度和湿球温度，可查得空气的相对湿度 Φ，根据干球温度可查得相应的饱和水蒸气压力 P_v，则空气所含水蒸气的体积分数如下：

$$y_w = \Phi P_v / P_a \qquad (3-1)$$

式中：P_v——饱和水蒸气压力，kPa；

P_a——当地大气压力，MPa。

（二）管道中各点气流速度的测定

当干烟气组分同空气近似，露点温度为 $35 \sim 55\,℃$，烟气绝对压力在 $0.99 \times 10^5 \sim 1.03 \times 10^5\,Pa$ 时，可用下列公式计算烟气管道流速：

$$v_0 = 2.77\,K_p \times \sqrt{T} \times \sqrt{P} \qquad (3-2)$$

式中：v_0——延期管道流速，m/s；

K_p——皮托管的校正系数，$K_p = 0.84$；

$\sqrt{T}$——烟气温度，℃；

$\sqrt{P}$——各动压方根平均值，Pa。

各动压方根平均值计算公式如下：

$$\sqrt{P} = \left(\sqrt{P_1} + \sqrt{P_2} + K + \sqrt{P_n} \right) / n \qquad (3-3)$$

式中：P_n——任一点的动压值，Pa；

n——动压的测点数。

本实验用皮托管和倾斜微压计测定管道中各测点的动压 P_k 和静压 P_s。$\sqrt{P}$ 各点的流速按下式计算：

$$v=K_p\sqrt{\frac{2P_k}{\rho}}\quad(\text{m/s})\qquad(3-4)$$

式中：K_p——皮托管的校正系数；

$\quad\quad P_k$——各点气流的动压，Pa；

$\quad\quad \rho$——测定断面上气流的密度，kg/m^3。

（三）管道中气体流量的测定

气体流量计算公式如下：

$$Q_S=Av_0\qquad(3-5)$$

式中：A——管道横截面面积。

（四）旋风除尘器压力损失的测定

本实验采用静压法测定旋风除尘器的压力损失。由于本实验装置中除尘器进、出口接管的段面积、气流动压相等，因此除尘器压力损失等于进、出口接管断面静压之差，计算公式如下：

$$\Delta P=P_1-P_2$$

式中：P_1——除尘器入口处气体的全压或静压，Pa；

$\quad\quad P_2$——除尘器出口处气体的全压或静压，Pa。

（五）除尘系统中气体含尘浓度的计算

旋风除尘器入口前气体含尘浓度的计算：

$$C_i=G_f/Q_it\qquad(3-6)$$

旋风除尘器出口后气体含尘浓度的计算

$$C_0=(G_f-G_s)/Q_0t\qquad(3-7)$$

式中：C_i，C_0——除尘器进、出口的气体含尘浓度，g/m^3；

$\quad\quad G_f$，G_s——发尘量与收尘量，g；

$\quad\quad Q_i$，Q_0——除尘器进、出口的气体量，m^3/s；

$\quad\quad t$——发尘时间，s。

（六）除尘效率的测定与计算

1.质量法

测出同一时段进入除尘器的粉尘质量 G_f（g）和除尘器捕集的粉尘质量 G_s（g），则除尘效率：

$$\eta=G_s/G_f\cdot100\%\qquad(3-8)$$

2. 浓度法

用等速采样法测出除尘器进口和出口管道中气流含尘浓度 C_i 和 C_0（mg/m^3），则除尘效率：

$$\eta = (1 - C_0 Q_0 / C_i Q_i) \cdot 100\% \tag{3-9}$$

（七）除尘器处理气体量和漏风率的计算

处理气体量计算公式如下：

$$Q = 1/2 (Q_i + Q_0) \tag{3-10}$$

漏风率计算公式如下：

$$\delta = (Q_i + Q_0) / Q_i \cdot 100\% \tag{3-11}$$

四、实验装置和仪器

（一）实验仪器

实验所需仪器如表 3-1 所示。

表3-1　实验仪器表

仪器名称	数　量
倾斜式微压计	3 台
U 形压差计	1 个
皮托管	2 支
干球湿球温度计	1 支
空盒式气压表	1 个
托盘天平（分度值 1 g）	1 台
秒表	1 个
钢卷尺	1 个
标准风速测定仪	1 台
光电分析平台（分度值 1/1 000 g）	1 台
干燥器	2 个
烟尘采样管	2 支

仪器名称	数　量
鼓风干燥箱	1 台
烟尘测试仪	2 台
超细玻璃纤维无胶滤筒	10 个

（二）实验装置主要技术数据

（1）气体动力装置布置为负压式。

（2）气体进口管：直径 110 mm。

（3）气体出口管；直径 110 mm。

（4）旋风分离器：直筒直径 250 mm，高 400 mm。

（5）旋风分离器进口连接尺寸：90 mm × 65 mm。

（6）末端进口尺寸：90 mm × 35 mm。

（7）下锥体高 600 mm；出液口直径 90 mm。

（8）使用粉尘名称：滑石粉。

（9）装置总高 1 650 mm，装置总长 1 960 mm，装置总宽 550 mm。

（10）主要材质：壳体由有机玻璃制成。

（11）风机电源电压：三相 380 V。

五、实验步骤

（一）实验准备工作

测量记录室内空气的干球温度（即除尘系统中气体的温度）、湿球温度及相对湿度，计算空气中水蒸气体积分数（即除尘系统中气体的含湿量）；测量记录当地大气压力；测量记录除尘器进、出口测定断面直径和断面面积，确定断面分环数和测点数，求出各测点距管道内壁的距离，并用胶布标志在皮托管和采样管上。

（二）实验步骤

（1）将旋风除尘器进出口断面的静压测孔与倾斜微压计连接，做好各断面气体静压的测定准备。

（2）启动风机，调整风机入口阀门，使之达到实验要求的气体流量，并固定阀门。

（3）在除尘器进、出口测定断面，同时测量记录各测点的气流动压。关闭风机。

（4）计算并记录各测点气流速度、各断面平均气流速度、除尘器处理气体流量（Q_s）。

（5）用托盘天平称好一定量尘样（S），做好发尘准备。

（6）启动风机和发尘装置，调整好发生浓度（p_1），使实验系统运行达到稳定。

（7）测定除尘效率：保持风量与进口粉尘浓度不变，观察除尘系统中含尘气流的变化情况。关闭风机后，称量，计算除尘效率。

（8）改变系统风量，重复上述实验，确定旋风除尘器在各种工况下的性能。

（9）停止发尘，关闭风机。

六、实验数据的记录与整理

（1）旋风除尘器处理气体流量与压力损失的测定，如表3-2所示。

大气压：＿＿MPa，气温：＿＿℃，空气相对湿度＿＿＿＿。

表3-2　除尘器处理风量测定结果记录表

测定次数	微压计读数			微压计倾斜角系数 k	流量系数 Φ	管内流速 $v_1/$(m·s⁻¹)	风管横截面积 F_1/m^2	风量 $Q_s/$(m³·h⁻¹)	除尘器进口面积 F_2/m^2	除尘器进口气速 $V_2/$(m·s⁻¹)
	初读 l_1/mm	终读 l_2/mm	实际 /mm $\Delta l=l_1-l_2$							

注：K 为微压计倾斜角系数；Δl 为微压计读数，mm；v_1 为管道流速，m/s；Q_s 为风量，m³/h；v_2 为入口流速，m/s。

（2）除尘效率的测定，如表3-3所示。

表3-3　除尘器效率测定结果记录表

测定次数	发尘量 G_i/g	发尘时间 t/s	除尘器进口气体含尘浓度 $C_i/$(g·m⁻³)	收尘量 G_s/g	除尘器出口气体含尘浓度 $C_j/$(g·m⁻³)	除尘器效率 $\eta/\%$
1						
2						
3						

（3）压力损失、除尘效率与入口速度 v_1 的关系。整理不同 v_1 下的 ΔP、η 资料，绘制 v_1-ΔP 和 v_1-η 实验性能曲线，分析入口速度对旋风除尘器压力损失、除尘效率的影响。

七、其他除尘器

（一）袋式除尘器

袋式除尘器又称过滤式除尘器，是使含尘气流通过过滤材料将粉尘分离捕集的装置。采用纤维织物作滤料的袋式除尘器，在工业废气除尘方面应用广泛。袋式除尘器性能的测定和计算，既是袋式除尘器选择、设计和运行管理的基础，也是本科学生必须具备的基本能力。袋式除尘器性能与其结构形式、滤料种类、清灰方式、粉尘特性及其运行参数等因素有关。

（二）湿式文丘里除尘器

湿式除尘器是使含尘气体与液体密切接触，利用水滴和颗粒的惯性碰撞及其他作用捕集粉尘或使粒径增大的装置。文丘里除尘器是一种高效的湿式除尘器，常用于高温烟气的降温和除尘。影响文丘里除尘器性能的因素较多，为了使其在合理的操作条件下达到较高除尘效率，需要通过实验研究各因素影响其性能的规律。文丘里除尘器性能（包括处理气体流量、压力损失、除尘效率及喉口速度变化、液气比、动力消耗等）与其结构形式和运行条件密切相关。

（三）板式静电除尘器

电除尘器的除尘原理是使含尘气体的粉尘微粒，在高压静电场中荷电，荷电尘粒在电场的作用下，趋向集尘极和放电极，带负电荷的尘粒与集尘极接触后失去电子，成为中性而附于集尘极表面上，为数很少带电荷尘粒沉积在截面很少的放电极上。然后借助振打装置使电极抖动，将尘粒脱落到除尘的集灰斗内，达到收尘目的。

电除尘器的除尘过程大致可分为三个阶段。

1. 粉尘荷电

在放电极与集尘极之间施加直流高电压，使放电极发生电晕放电，气体电离，生成大量的自由电子和正离子。在放电极附近的所谓电晕区内正离子立即被电晕极（假定带负电）吸引过去而失去电荷。自由电子和随即形成的负离子则因受电场力的驱使向集尘极（极）移动，并充满两极间的绝大部分空间。含尘气流通过电场空间时，自由电子、负离子与粉尘碰撞并附着其上，便实现了粉尘的荷电。

2. 粉尘沉降

荷电粉尘在电场中受电场力的作用被驱往集尘极，经过一定时间后达到集尘极表面，放出所带电荷而沉积其上。

3. 清灰

集尘极表面上的粉尘沉积到一定厚度后，用机械振打等方法将其清除掉，使其落入下部灰斗中。放电极也会附着少量粉尘，隔一定时间也需进行清灰。

八、创新思考

（1）通过实验，你对旋风除尘器全效率和阻力随入口气速的变化规律得出什么结论？它对除尘器的选择和运行使用有何意义？

（2）为什么我们采用双扭线集流器流量计测定气体的流速，而不采用皮托管？测定的气速是否为管道内的平均流速？

（3）通过实验，你对旋风除尘器效率（η）和阻力（Δp）随入口气速的变化规律得出什么结论？它对除尘器的选择和运行使用有何意义？

（4）实验装置和实验方法有无可改进之处？

实验二 布袋除尘装置及处理效率实验

一、实验目的

通过对袋式除尘器的除尘效率和压力损失进行测定，进一步提高对袋式除尘器结构形式和除尘机理的认识。通过本实验，要求掌握袋式除尘器主要性能的实验研究方法，并了解袋式除尘器压力损失及除尘效率的影响因素。

二、实验背景与意义

粉尘污染是粉尘和烟尘的存在及其产生的作用使环境受到了影响，也就是说，由于进入大气的粉尘和烟尘，呈现出足够的浓度，达到了足够的时间，因此危害了人体的舒适、健康和自然生态环境。

影响粉尘危害程度的因素很多，除环境容量、粉尘粒度分布、产尘强度、排放时间、总量、排放状态以及尘源性质和部位外，还有粉尘自身及相关物质的理化性质、气体动力学条件、地理地质条件及自净和人为控制条件等。例如，除有的粉尘自身就含有致癌物质、有毒物质、放射性，或具有爆炸性外，有的粉尘对有害元素具有吸附作用或转化催化作用，如大气中的 SO_2 会被颗粒物吸附、富集和传递。20 世纪 50 年代伦敦的四次酸雾事件，就是由煤尘的催化作用造成的。

气候、地质条件和采矿方法等因素可大大影响矿山周围环境中的粉尘浓度，如露天采矿中，由于开采量大及大吨位物料运输，促进了粉尘的形成，使物体表面受到污染或脏化，水体或植被受到化学污染，产生影响人体健康和心情等一系列不良后果。

粉尘主要通过呼吸系统、眼睛、皮肤等部位侵入人体，其中以呼吸系统为主要途径。粉尘同样会对机械的安全运行产生影响。

（1）粉尘化学毒性的危害。粉尘的化学成分可决定粉尘对人体损害的性质。例如，吸入含高浓度游离二氧化硅的粉尘，可引起矽肺；吸入石棉尘，可引起石棉肺及间皮瘤；吸入含铅、锰的粉尘，可引起相应的铅中毒及锰中毒。

（2）微细颗粒粉尘的危害。粉尘的颗粒尺寸用其直径的大小来表示，单位为 pm，颗粒尺寸也决定其危害程度。直径在 1～2 mm 的粉尘，可较长时间悬浮在空气中，被人体吸入的机会也更大。危害性相对更大。直径小于 15 pm 的粉尘颗粒称为可吸入性粉尘，直径小于 5 pm 的粉尘颗粒称为呼吸性粉尘，这些粉尘可达呼吸道深部和肺泡区。

（3）高浓度粉尘的危害。粉尘浓度是指单位体积空气中的粉尘数，单位为 mg/m³。尘肺的发展、发病率和病死率与粉尘浓度有密切关系。

（4）粉尘引发的爆炸危害。粉尘是固体物质的微小颗粒，它的表面积与相同重量的块状物质相比要大得多，故容易着火猛烈燃烧。如果悬浮在空气中的可燃物质的颗粒达到一定的浓度，会形成爆炸性混合物，一旦遇到火星就可能迅速燃烧甚至爆炸。例如，煤粉、铝粉等，在空气中达到一定浓度极易发生爆炸。

（5）粉尘影响机械安全运行。粉尘引发机械加工车间的安全问题是多方面的。若粉尘颗粒进入机床主轴部件，极有可能划伤主轴表面、缩短主轴轴承使用寿命，造成主轴装夹不稳等问题。

三、实验原理

袋式除尘器也称过滤式除尘器，是一种干式高效除尘器，它是利用纤维编制物制作的袋式过滤元件来捕集含尘气体中固体颗粒物的除尘装置。含尘气体从袋式除尘器入口进入后，由导流管进入各单元室，在导流装置的作用下，大颗粒粉尘分离后直接落入灰斗，其余粉尘随气流均匀进入各仓室过滤区中的滤袋，当含尘气体穿过滤袋时，粉尘即被吸附在滤袋上，而被净化的气体从滤袋内排出。当吸附在滤袋上的粉尘达到一定厚度时，电磁阀打开，喷吹空气从滤袋出口处自上而下与气体排出的相反方向进入滤袋，将吸附在滤袋外面的粉尘清落至下面的灰斗中，粉尘经卸灰阀排出后利用输灰系统送出。

袋式除尘器的除尘机理：主要靠粉尘初层的过滤作用，滤布只对粉尘过滤层起支撑作用。其中，捕集机理包括筛滤作用、惯性碰撞、扩散作用、拦截作用、静电作用和重力沉降作用。上述各种捕集机理，对尘粒来说并非都同时有效，起主导作用的往往是一种机理，或二、三种机理的联合作用。其主导作用要根据尘粒性质、滤料结构、特性和运行条件等实际情况确定。具体的含尘气流从下部进入圆筒形滤袋，在通过滤料的孔隙时，粉尘被捕集于滤料上。沉积在滤料上的粉尘，可在机械振动的作用下从滤料表面脱落，落入灰斗中。粉尘因截留、惯性碰撞、静电和扩散等作用，在滤袋表面形成粉尘层，常称为粉层初层。

实验注意事项如下。

（1）含尘气流从下部进入圆筒形滤袋，在通过滤料的孔隙时，粉尘将被捕集于滤料上。

（2）沉积在滤料上的粉尘，可在机械振动的作用下从滤料表面脱落，落入灰斗中。

粉尘因截留、惯性碰撞、静电和扩散等作用，在滤袋表面形成粉尘层，常称为粉层初层。

（3）新鲜滤料的除尘效率较低。

（4）粉尘初层形成后，成为袋式除尘器的主要过滤层，提高了除尘效率。

（5）随着粉尘在滤袋上积聚，滤袋两侧的压力差增大，会把已附在滤料上的细小粉尘挤压过去，使除尘效率下降。

（6）除尘器压力过高，还会使除尘系统的处理气体量显著下降，因此除尘器阻力达到一定数值后，要及时清灰。

（7）清灰不应破坏粉尘初层。

袋式除尘器的滤料选择如下。

（1）对滤料的要求。

① 容尘量大、吸湿性小、效率高、阻力低。

② 使用寿命长，耐温、耐磨、耐腐蚀、机械强度高。

③ 表面光滑的滤料容尘量小，清灰方便，适用于含尘浓度低、黏性大的粉尘，采用的过滤速度不宜过高。

④ 表面起毛（绒）的滤料容尘量大，粉尘能深入滤料内部，可以采用较高的过滤速度，但必须及时清灰。

（2）滤料种类。按滤料材质可分为天然纤维、棉毛织物（适于无腐蚀、350 ~ 360 K以下气体）、无机纤维（主要指玻璃纤维，化学稳定性好，耐高温；质地脆）、合成纤维（性能各异，满足不同需要，扩大除尘器的应用领域）。

袋式除尘器性能与其结构形式、滤料种类、清灰方式、粉尘特性及其运行参数等因素有关。本实验是在其结构形式、滤料种类、清灰方式和粉尘特性一定的前提下，测定处理气体（Q）对袋式除尘器压力损失（ΔP）和除尘效率（η）的影响。其计算过程如下。

（一）处理气体量的测定和计算

采用动压法测定处理气体量。测得除尘器进、出口管道中气体动压后，气速可按公式（3-12）、式（3-13）计算：

$$v_1 = \sqrt{2Pv_1} / \rho_g \qquad (3\text{-}12)$$

$$Q_2 = F_2 \cdot v_2 \qquad (3\text{-}13)$$

式中：v_1、v_2——除尘器进、出口管道气速，m/s；

　　　Pv_1——除尘器进口管道断面平均动压，Pa；

　　　ρ_g——气体密度，kg/m³。

除尘器进、出口管道中的气体流量 Q_1、Q_2 计算公式如下：

$$Q_1 = F_1 \cdot v_1 \qquad (3\text{-}14)$$

$$Q_2 = F_2 \cdot v_2 \qquad (3\text{-}15)$$

式中：F_1、F_2——除尘器进、出口管道断面面积，m²。

取除尘器进、出口管道中气体流量平均值作为除尘器的处理气体量 Q：

$$Q = \frac{1}{2}(Q_1 + Q_2) \qquad (3\text{-}16)$$

（二）压力损失的测定和计算

除尘器压力损失（ΔP）为其进、出口管道中气流的平均全压之差。当除尘器进、出口管道的断面面积相等时，则可采用其进、出口管道中气体的平均静压之差计算，即：

$$\Delta P = P_{s1} - P_{s2} \qquad (3\text{-}17)$$

式中：P_{s1}、P_{s2}——除尘器进、出口管道中气体的平均静压，Pa。

考虑到袋式除尘器在运行过程中，其压力损失随运行时间产生一定变化。因此，在测定压力损失时，应每隔一定时间连续测定（一般可考虑 5 次），并取其平均值作为除尘器的压力损失（ΔP）。

（三）除尘效率的测定和计算

除尘效率采用质量浓度法测定，即同时测出除尘器进、出口管道中气流的平均含尘浓度 C_1 和 C_2，按下式计算：

$$\eta = 1 - \frac{C_2 Q_2}{C_1 Q_1} \qquad (3\text{-}18)$$

实验中，粉尘浓度是采用光学原理，通过专门的粉尘传感器来测定的。

四、实验试剂与仪器

本实验系统装置如图 3-2 所示。实验系统主要由透明玻璃进气管、自动粉尘加料装置（调速电机）、布袋除尘器、出口管段、风量调节阀、高压离心通风机、仪表电控箱等组成。本实验选用的袋式除尘器共 6 条滤袋，总过滤面积为 2.1 m²，滤料为涤纶针刺毡覆膜，采用机械振打清灰方式。

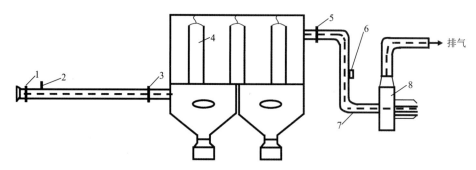

1—测压环；2—加灰漏斗；3—测压环；4—滤袋；
5—测压环；6—采样口；7—调风阀；8—风机。

图 3-2　袋式除尘器性能测定实验装置图

五、实验方法及步骤

（1）检查设备系统状况和全部电气连接线有无异常（如管道设备有无破损，卸灰装置是否安装紧固等），一切正常后开始操作。

（2）打开电控箱总开关，合上触电保护开关。

（3）在风量调节阀关闭的状态下，启动电控箱面板上的主风机开关。

（4）调节风量开关至所需的实验风量。

（5）将一定量的粉尘加入自动发尘装置灰斗，然后启动自动发尘装置电机，调节转速控制加灰速率。

（6）启动显示屏开关，读取实验系统自动采集到的风量、风速、风压、除尘效率、粉尘出、入口浓度、环境空气湿度和温度数据；也可启动打印开关，将数据输出。

（7）调节风量开关、发尘旋钮，进行不同气体量、发尘浓度下的实验。

（8）实验完毕后依次关闭发尘装置、主风机，然后启动振打电机进行清灰 5 min，待设备内粉尘沉降后，清理卸灰装置。

（9）关闭控制箱主电源；检查设备状况，没有问题后离开。

（10）整理实验数据，完成实验报告。

六、实验数据记录

除尘器处理风量测定结果记录和除尘器效率测定结果记录如表3-4、表3-5所示。

（1）处理气体量和过滤速度，计算除尘器漏风率。

（2）除尘效率。

（3）除尘效率与过滤速度关系，绘制 $V-\eta$ 实验性能曲线。

大气压：＿＿＿MPa，气温：＿＿＿℃，空气相对湿度＿＿＿＿＿

表3-4　除尘器处理风量测定结果记录表

测定次数	管内流速 $v/(\text{m}\cdot\text{s}^{-1})$	截面积 F_1/m^2	风量 $Q_1/(\text{m}^3\cdot\text{h}^{-1})$	截面面积 F_2/m^2	出口气速 $v_2/(\text{m}\cdot\text{s}^{-1})$	风量 $Q_2/(\text{m}^3\cdot\text{h}^{-1})$	漏风率 /%
1							
2							
3							

表3-5 除尘器效率测定结果记录表

测定次数	发尘量 G_l/g	发尘时间 t/s	除尘器进口气体含尘浓度 G_l/(g·m⁻³)	收尘量 G_s/g	除尘器出口气体含尘浓度 Cj_i/(g·m⁻³)	除尘器效率 η/%
1						
2						
3						

七、思考题

（1）试分析袋式除尘器压力损失、流量和除尘效率之间的关系？

（2）除尘器除尘效率高，就能说明除尘器除尘性能好吗？为什么？

实验三　大气细颗粒物质量浓度测定实验

一、实验目的

（1）了解大气气溶胶样品采集的基本技术。

（2）掌握安德森八级采样器的采样流程。

二、实验原理

（一）安德森八级采样器工作原理

气溶胶粒度分布采样器是模拟人呼吸道的解剖结构和空气动力学特征，采用惯性撞击原理，将悬浮于空气中的粒子，按其空气动力学等效直径的大小，分别收集在各级采集板上，然后通过称重或进行物理、化学、放射学性质分析，以评价环境气溶胶对人类健康的危害程度。

（二）技术性能

（1）捕获率：99.99%。

（2）采集粒子范围：0级为 9.0～10 μm；1级为 5.8～9.0 μm；2级为 4.7～5.8 μm；3级为 3.3～4.7 μm；4级为 2.1～3.3 μm；5级为 1.1～2.1 μm；6级为 0.65～1.1 μm；

7 级为 0.43 ～ 0.65 μm；8 级为亚微米（滤膜）。

（3）采样流量：28.3 L/min（可调）。

（4）电源：AC 220 V。

（5）重量：5 kg（撞击器 1.5 kg、前分离器 0.4 kg、主机 3 kg）。

（6）体积：撞击器 ϕ98 mm×212 mm；前分离器 ϕ89 mm×80 mm。

（三）基本配置

主机：1 套（含真空泵、流量计、定时器）；撞击器：1 只；三脚架：1 只；分离器：1 只；不锈钢采集板：1 套；操作手册：1 份；铝合金手提箱：1 只。

三、实验主要设备（软件）

大气细颗粒物采样器。

四、实验内容

抽取一定体积的空气，使之通过已恒重的滤膜，则悬浮微粒被阻留在滤膜上，根据采样前后滤膜重量之差及采气体积，计算总悬浮颗粒物的质量浓度。

五、实验操作步骤

（一）安德森采样器流量校正

（1）安德森气溶胶粒度分布采样器 JWL-8 的标准采样流量是 28.3 L/min，采样前校正好流量。

（2）必须保证圆盘孔眼通畅，按顺序装配好撞击器，注意放好各级间密封圈，挂上三个弹簧挂钩。

（3）用橡胶管连接撞击器出气口→主机进气口。取下撞击器进气口上盖。

（4）主机接上电源，按下主机上的"电源开关"，调节"流量调节"旋钮，使流量计的转子稳定在 28.3 L/min。

（二）安德森采样器清洗处理

（1）用中性洗涤剂温水清洗撞击器和采集板，最好用超声波清洗，以除去喷孔的塞物。清洗后擦干或用无毛纸巾吸干。

（2）用手拿撞击盘和采集板的边缘，不要让皮肤油脂沾到喷孔和采集面上。

（3）检查各级喷孔，若发生堵塞，用电吹风或便携的氟利昂枪清洁喷孔，或用备用细针轻轻清除，绝不可用硬质物件处理，以保证喷孔的精确度。

（4）准备好 ϕ80 mm 玻璃纤维滤膜（7 片/次），及中心位置开孔（ϕ22.5 mm）的玻璃纤维滤膜（2 片/次）。可采用其他采集衬垫物如纤维素、铝箔、维尼龙等材料。

（三）安德森采样器现场采样

（1）将三脚架支开并锁紧，把三脚架顶部的圆盘调至水平，撞击器放置在圆盘上，主机放在桌上或地上，用橡胶管连接撞击器出气口→主机进气口。

（2）将安德森撞击器三个弹簧挂钩拉下，取下各级撞击盘，把 $\phi 80\ mm$ 的玻璃纤维滤膜，放入第八级过滤器中，把 O 型圈压在滤膜上。

（3）依次放入不锈钢采集板，采集板安放在三个凸起有槽口的定位块上，以防止其活动。第 0、1 级的采集板中心位置有 $\phi 22.5\ mm$ 的孔。

（4）把 $\phi 80\ mm$ 的玻璃纤维滤膜放入不锈钢采集板内，表面必须同采集板弯边顶部齐平，以保持喷孔与采集面的距离。第 0、1 级采集板上的滤膜中心有圆孔。

（5）也可将不锈钢采集板底面朝上放置，底面涂抹硅油或真空脂进行采样。

（6）把顶部的进气口或者前分离器安装就位，挂上三个弹簧挂钩。

（7）取下进气口上盖，启动主机进行采样。可用配备的定时器设定采样时间。

（8）采样完毕，记录采样时间，取出采集板和滤膜，注意顺序和编好号码，以备重量分析或化学检测。

六、实验报告要求

（1）确定撞击器各级滤膜的重量变化。
（2）把各级称重变化加起来，以获得所采集的粒子总称重。
（3）各级粒子重量 = 该级粒子重量 / 总重量 × 100%。

七、思考讨论

（1）采样地点的选择有哪些要求？
（2）样品的保存方式有哪些？
（3）颗粒物组分可能包括哪些？

第四篇
探索性实验

实验一　协同处理大气 O_3 和 $PM_{2.5}$ 实验

一、实验目的

（1）了解臭氧分析仪和电子分析平台的基本原理，掌握其使用方法。

（2）学习大气 O_3 与 $PM_{2.5}$ 相关协同控制知识。

（3）重点掌握气体浓度的控制与物品称重操作。

二、实验意义

近年来，我国大气污染治理力度不断加强，2005 年我国首次将 SO_2 排放总量纳入约束性减排指标，2010 年又将 NO_2 排放总量纳入约束性减排指标，2013 年国务院印发了《大气污染防治行动计划》。上述多项严格的空气污染控制措施，构建了科学系统的大气污染防治体系，全国环境空气质量得到总体改善。重点区域京津冀、长江三角洲和珠江三角洲地区 $PM_{2.5}$ 平均浓度大幅下降，以 $PM_{2.5}$ 为首要污染物的超标天数占比降低。虽然有些地区 $PM_{2.5}$ 浓度呈现下降趋势，但空气质量优良天数占比并未上升，甚至开始下降，这和 O_3 浓度的上升密切相关。随着经济社会和城市化的快速发展，O_3 污染问题已逐渐凸显。有研究表明，$PM_{2.5}$ 和 O_3 污染形成存在关联，$PM_{2.5}$ 和 O_3 是大气复合污染的两种主要污染物，两者可通过光化学反应和非均相反应相互作用，主导环境质量变化。两者共同的前体物（VOCs 和 NO_x）通过气体——颗粒物转化形成二次有机气溶胶（SOA）和无机盐，会与 O_3 的生成相互影响。

改革开放 40 多年，我国加大力度治理空气污染，20 世纪 80 年代解决了烟粉尘的问题，20 世纪 90 年代重点解决酸雨和二氧化硫问题。2005 年开始，我国第一次制定了相关约束性指标，如控制二氧化硫排放总量。2010 年开始对二氧化氮排放总量进行控制，2013 年国务院推出"大气十条"，以明显降低 $PM_{2.5}$ 浓度等。从原理上看，臭氧和 $PM_{2.5}$ 有一定程度的同源性，协同减排能够实现双降。

大气中的 $PM_{2.5}$ 包括自然源直接排放的一次气溶胶和气粒转化形成的二次气溶胶。有研究表明，伴随 O_3 浓度的增高，在大气氧化作用下二次 $PM_{2.5}$ 对 $PM_{2.5}$ 的贡献增大。二次源已成为烟台市 $PM_{2.5}$ 的第一贡献来源。大气颗粒物（PM）通过气溶胶粒子的辐射作用改变地球辐射平衡，进而影响 O_3 的生成。$PM_{2.5}$ 中的主要化学组分如元素碳、有机物、硫酸盐、硝酸银消光能力较强，大气颗粒物直接通过散射，吸收紫外辐射，改变对应的辐射强度直接影响大气的氧化性以及 O_3 的生成，$PM_{2.5}$ 浓度水平的增加能显著抑制 O_3 的生成。

通过本实验的学习不但可以深入了解该研究领域而且可加深对课程中吸附法协同处理大气 O_3 和 $PM_{2.5}$ 内容的理解，并掌握相关的实验方法与技能。

三、实验原理

当流体与多孔固体接触时，流体中某一组分或多个组分在多孔固体表面积累，此现象称为吸附。吸附属于一种传质过程，物质内部的分子和周围分子具有互相吸引的能力，内部的分子由于受力平衡相互抵消，但物质表面的分子相对物质外部的作用力没有抵消，所以液体或固体物质的表面可以吸附其他的液体或气体，尤其是在物质表面面积很大的情况下，这种吸附力能产生很大的作用，工业上经常利用大面积的物质进行吸附，如活性炭、氧化铝等。吸附操作是催化脱色脱臭、防毒等工业应用中必不可少的单元操作。

当液体或气体混合物与吸附剂长时间充分接触后，系统达到平衡吸附质的平衡吸附量，即单位质量吸附剂在达到吸附平衡时所吸附的吸附质量取决于吸附剂的化学组成和物理结构，同时与系统的温度和压力以及该组分和其他组分的浓度或分压有关。对于只含一种吸附质的混合物，在一定温度下吸附质的平衡吸附量与其浓度或分压间的函数关系、等温线基本无影响。同一体系的吸附等温线随温度而改变，温度越高平衡吸附量越小。当混合物中含有几种吸附质时，各组分的平衡吸附量不同，被吸附的各组分浓度之比，一般不同于原混合物组成，即分离因子不等于1，吸附剂的选择性越好，越有利于吸附分离。

吸附剂一般有以下特点。

（1）大的比表面积、适宜的孔结构及表面结构。

（2）对吸附质有强烈的吸附能力。

（3）一般不与介质发生化学反应。

（4）制造方便，容易再生。

（5）有良好的机械强度等。

吸附剂可按孔径大小、颗粒形状、化学成分、表面极性等分类，如粗孔和细孔吸附剂，粉状、粒状、条状吸附剂，碳质和氧化物吸附剂，极性和非极性吸附剂等。

吸附设备有以下类型。

（1）吸附槽用于吸附操作的搅拌槽，如在吸附槽中用活性白土精制油品或糖液。

（2）固定床吸附设备用于吸附操作的固定床传质设备，应用最广。

（3）流化床吸附设备吸附剂于流态化状态下进行吸附，如用流化床从硝酸厂尾气中脱除氮的氧化物，当要求吸附质回收率较高时，可采用多层流态化设备流化床吸附，容易连续操作，但物料返混及吸附剂磨损严重。

（4）移动床吸附柱又称超吸附柱，主要是移动床传质设备。

吸附操作中，吸附质在流体中的平衡浓度通常很小，吸附分离可以进行得完全。但由于固体吸附剂在输送计量和控制等方面比较困难，因此仅适于分离吸附质浓度很低的流体混合物。此外，也可以作为其他传质分离操作的补充，以达到组分完全分离的目的。对于组分挥发度很接近的料液，当精馏难以实现分离时用吸附分离可能更经济。

活性炭吸附剂是将木炭、果壳、煤等含碳原料经炭化、活化后制成的。活性炭含有很多毛细孔构造、较大的比表面积（可高达 $1\ 000\ \text{m}^2/\text{g}$）和较高的物理吸附性，具有优异的吸附能力，因而它的用途遍及水处理、脱色、气体吸附等各个方面。

分离只含一种吸附质的混合物时，过程最为简单。当原料中吸附质含量很低，而平衡吸附量又相当大时，混合物与吸附剂一次接触就可使吸附质完全被吸附。吸附剂经脱附再生后循环使用，并同时得到吸附质产品。采用吸附法净化氮氧化物尾气是一种简便、有效的方法。通过吸附剂的物理吸附性能和大的比表面将尾气中的污染气体分子吸附在吸附剂上，经过一段时间，吸附达到饱和。然后使吸附质解吸下来达到净化回收的目的，吸附剂解吸后重复使用。

本实验采用玻璃夹套管作为固定床吸附器，用活性炭作为吸附剂，吸附净化模拟工业区中 O_3 和 $PM_{2.5}$ 在一定温度和压力下达到吸附平衡。通过吸附前后气体浓度以及吸附剂的质量差，从而得出臭氧和 $PM_{2.5}$ 吸附净化效率等数据。

四、试剂、仪器和实验装置

（一）试剂

活性炭，果壳型，粒径 200 目或 GHC-18。

（二）仪器

本实验中所涉及的仪器如表 4-1 所示。

表4-1　实验仪器及数量参照表

仪器名称	数　量
硬质玻璃吸附器	1 个
稳压阀	1 个
蒸汽瓶	1 只
冷凝器	1 只
加热套	1 个
流量计	2 个
缓冲罐	1 个
气体发生器	1 个
调压器	1 台

仪器名称	数　量
医用注射器	1只
臭氧分析仪（106 M）	1台
电子分析天平	1台

（三）实验装置与流程

实验装置及流程如图 4-1 所示，实验采用一硬质玻璃夹套管吸附器，夹套为保温层，吸附器内填装活性炭。实验装置由两部分组成。配气部分：气体压缩机、缓冲罐、转子流量计、气体发生器。气体经流量计计量后分成两股，一股进入装有臭氧的气体发生器，将发生器中挥发的臭氧带出；另一股不经气体发生器直接通过。两股气体在进入吸附器前混合，混合气的臭氧浓度通过调节两股气的流量比例来控制。吸附部分：混合气体经压差计测压后进入吸附器，吸附器中装有活性炭，吸附后气体经取样后排空。在吸附器前后设置两个取样点，在实验时按需要分别与臭氧分析仪相连（或用针筒取样再用臭氧分析仪分析取出的样品），以测定吸附柱进出口气体之臭氧浓度。

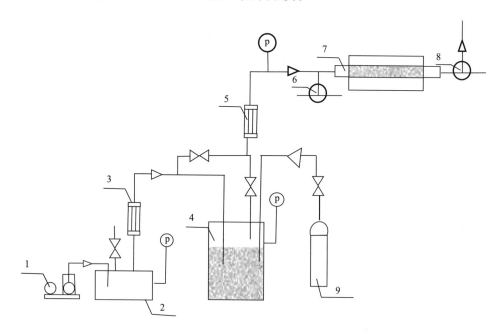

1—气体压缩机；2—缓冲罐；3、5—转子流量计；4—气体发生器；7—吸附器；
6、8—取样阀；9—O_3 气瓶。

图 4-1　吸附法净化臭氧及 $PM_{2.5}$ 装置流程

五、实验方法和步骤

（1）吸附剂活性炭装量。分别称取 10 g 和 15 g（±0.1）活性炭，同时称量吸附器中两个吸附管空管的质量，将其分别装入吸附器中两个吸附管再分别准确称量吸附管的质量（±0.000 1 g）。将其中的一根吸附管安装在流程上，另一根管备用。

（2）系统气密性检查。关闭吸附器出口阀、缓冲罐放空阀开启空压机，调节缓冲罐进气阀使系统增压至 0.15 MPa，关闭缓冲罐进气阀，使系统密封。观察压力计，若压力在 10 min 内保持不变（不下降），则系统气密性良好。

（3）气体流量的确定。开启气体压缩机，调节缓冲罐进气阀使系统压力在 0.11 ～ 0.12 MPa，开启吸附器出气口阀和放空阀，调节气体流量在 48 ～ 50 L/h，并稳定在 50 L/h。

（4）气体浓度的确定。调节气体发生器出口阀和空气气阀，使两气体在进入吸附器前混合，在吸附器进气口取样阀取样，混合气中臭氧浓度达到 280 mg/m³ 时稳定气瓶气阀，确定混合气臭氧浓度为 280 mg/m³。

（5）运行 10 min 后，开始记录吸附时间，在吸附器出气口取样阀中取样分析，此后每 10 min 取一次样，每次取三个平行样。

（6）当吸附器出口浓度不等于零（出口出现臭氧）时，关闭缓冲罐进气阀，停止吸附操作。

（7）将吸附管从流程上卸下，准确称重，并记录质量。

（8）将另一根吸附管装入流程，重复上述操作，在操作中保持相同的实验条件。

（9）实验完毕后，关闭压缩机，切断电源，清洗、整理仪器药品。

六、实验数据的记录和整理

（1）臭氧净化效率。

臭氧净化效率计算公式如下：

$$\eta = \left(1 - \frac{C_2}{C_1}\right) \times 100\% \tag{4-1}$$

式中：C_1——吸附器入口处气体中的最大臭氧浓度，mg/m³；

$\quad\;\;C_2$——吸附器出气口处气体中的最小臭氧浓度，mg/m³。

（2）PM$_{2.5}$ 去除量。

PM$_{2.5}$ 去除量计算公式如下：

$$Q = W_2 - W_1 \tag{4-2}$$

式中：W_1——吸附前活性炭重量，g；

$\quad\;\;W_2$——吸附结束后活性炭重量，g。

（3）实验数据记录。

实验数据记录如表 4-2 所示。

表4-2　实验数据记录表

项　目	1号管						2号管						备　注
	采样次数												
	1	2	3	4	5	6	1	2	3	4	5	6	
进气浓度													
出气浓度													
反应前活性炭质量													
反应后活性炭质量													

（4）根据实验结果绘制臭氧净化效率随吸附操作时间的变化曲线以及 $PM_{2.5}$ 吸附量。

七、影响活性炭吸附效果的因素

活性炭的吸附性能可以用吸附量和吸附速率表征。影响活性炭吸附性能的因素较多，如比表面积、孔隙度、孔隙结构和分布、表面官能团类型。活性炭表面官能团类型、空隙结构和分布决定了活性炭对有机物的吸附具有选择性，即对不同有机物的饱和吸附量不同，且活性炭对不同有机物的饱和吸附量差距较大。

吸附量分为静态吸附量和动态吸附量。静态吸附量是指一定条件下的最大吸附量，动态吸附量是指达到穿透点时的吸附量，动态吸附量远小于静态吸附量。实际运行过程中的去除效率高低主要取决于动态吸附量。因此，若活性炭吸附装置出口低于期望浓度或去除效率低于期望值，则说明已达到穿透点，要及时更换活性炭。

吸附速率主要受物质在活性炭内部的扩散速率和活性炭的吸附反应速度影响。比表面积和孔隙率越大，则扩散速率越快，而表面官能团与有机物的作用力决定吸附反应速度。因此，比表面积越大，孔隙率越大，吸附容量和吸附速率越大。在治理特定污染物时，可考虑活性炭对有机物的化学吸附，根据被吸附物质的分子大小和分子结构，选择空隙结构和分布适宜及具有特定表面官能团的活性炭。活性炭对大部分有机物的吸附主要是物理吸附，因此在选择活性炭时主要关注比表面积和孔隙率。

除活性炭自身特性对吸附性能有影响外，外在因素主要为温度、湿度、气体流速。温度升高，分子的运动速度加快，由于分子与活性炭的吸附作用力主要是物理作用，高温下有机物分子易挣脱束缚。湿度大，说明废气中水分子含量较多，水分子体积小，易与有机物产生竞争吸附。气速快，则分子与活性炭接触时间短，达不到活性炭的反应速度，分子则不能与活性炭产生作用力。因此，控制温度、湿度，增加废气停留时间，有利于提高活性炭的吸附性能。

实际运行中，活性炭吸附装置的进气条件控制不到位，会导致去除效率低。一是对进入活性炭装置的废气未做预处理，气体中成分复杂，含有颗粒物、其他无机挥发物质等，影响活性炭对有机物的吸附量；二是温度、湿度未严格控制，如高温废气未进行冷却直接进入活性炭吸附装置，或是水喷淋后直接连接活性炭吸附装置；三是以次充好，使用劣质活性炭、活性炭棉、蜂窝炭等充当活性炭使用，或者炭箱填充不规范、填充夹层小，未达到设计参数；四是更换不及时，废活性炭产生量远小于废活性炭理论核算产生量。

针对上述问题，企业应咨询专业设计单位进行工程设计；生态环境部门应加强引导与监督检查，强化责任落实，加大执法力度，促进 VOCs 治理降本提效。

八、思考题

（1）影响吸附容量的因素有哪些？
（2）在实验中气速和浓度值的变化，将会对吸附容量值产生什么影响？
（3）试想一下，如何改变实验过程从而可以得到 $PM_{2.5}$ 随吸附时间的变化曲线。

九、注意事项

（1）在臭氧瓶开启时，注意要缓慢拧开阀门。
（2）电子分析天平称量前需要校准。
（3）吸附剂吸附前后称重时，需打开两边侧门 5 ～ 10 min，使天平内外湿度、温度平衡，避免天平罩内外湿度、温度的差异引起示值变化。

实验二 土壤气样品的采集与处理

一、实验目的

土壤气样品的采集是土壤分析工作中的一个重要环节，是关系分析结果和由此得出的结论是否正确的一个先决条件。由于土壤特别是农业土壤的差异较大，采样误差要比分析误差大若干倍，因此必须采集具有代表性的样品。此外，应根据分析目的和要求采用不同的采样方法和处理方法。

二、实验方法

（一）土壤气样品的采集

1.采样时间

土壤气体成分的含量随季节的改变而有很大变化。分析土壤气体成分供应情况时，一般都在晚秋或早春采样。同一时间内采集的土样，其分析结果才能相互比较。

2.采样方法

采样方法因分析目的和要求的不同而有所差别。

第一，土壤剖面样品。研究土壤基本理化性质，必须按土壤发生层次采样。

第二，土壤气物理性质样品。如果要进行土壤物理性质测定，须采原状样品。

第三，土壤盐分动态样品。研究盐分在剖面中的分布和变动时，不必按发生层次取样，而自地表起每 10 cm 或 20 cm 采集一个样品。

第四，耕层土壤混合样品。为了评定土壤耕层肥力或研究植物生长期内土壤耕层中养分供求情况，采用这种方法。

（1）采样要求。在采样时，要求土样有代表性，因此需多点取样，充分混合，布点均匀，混合样品的取样数量应根据试验区的面积以及地力是否均匀而定，通常为 5 ～ 20 个点，采样深度只需耕作层土壤 0 ～ 20 cm，最多采到犁底层的土壤，对作物根系较深的，可适当增加采样深度。

（2）采样方法。根据地形、样点数量和地力均匀程度布置采样点。面积不大，比较方正，可采用对角线取样法；面积较大，形状方正，肥力不匀的地块可采用棋盘式取样法（方格取样法）；面积较大，形状长条或复杂，肥力不匀的地块多采用蛇形取样法（折线取样法），如图 4-2 所示。

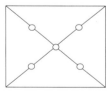 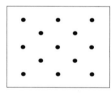 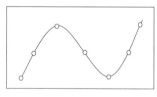

（1）对角线取样法   （2）棋盘式取样法   （3）蛇形取样法

图 4-2   采样点分布

采集混合样品时，每一点采取的土样，深度要一致，上下土体要一致；采土时应除去地面落叶杂物。采样深度一般取耕作层土壤 20 cm 左右，最多采到犁底层的土壤，对作物根系较深的土壤，可适当增加采样深度。

采土可用土钻或小土铲进行。用土钻时一定要垂直插入土内。如用小土铲取样，可用小土铲斜着向下切取一薄片的土壤样品（图 4-3），然后将土样集中起来混合均匀。量多时可用四分法弃去多余的土样，取土样 1 kg 装入布袋或塑料袋，袋内外各放一标签，上面用铅笔标明编号、采集地点、地形、土壤名称、时间、深度、作物、采集人等，采完后将坑或钻眼填平。

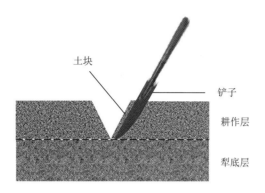

图 4-3　小土铲采样图

（3）采样数量。如果采来的土壤样品量太多，可用四分法将多余的土样弃去，一般 1 kg 左右的土样即够化学、物理分析之用。四分法的方法是将采集的土壤样品弄碎混合并铺成四方形，划分对角线分成四等份，取其对角的两份，其余两份弃去，如果所得的样品仍然很多，可再用四分法处理，直到达到所需数量为止，如图 4-4 所示。

（1）第一步　　　　　　　　（2）第二步　　　　　　　　（3）第三步

图 4-4　四分法取样

（二）土壤样品的处理

样品处理的目的：一是挑出植物残茬、石块、砖块等，以除去非土样的组成部分；二是适当磨细、充分混匀，使分析时所称取的少量样品具有较高的代表性，以减少称样误差；三是全量分析项目，样品需要磨细，以使分析样品的反应能够完全和一致；四是使样品可以长期保存，不致因微生物活动而霉坏，引起性质的改变。

土壤样品的处理包括风干、去杂、磨细、过筛、混匀、装瓶保存和登记操作。

1. 风干和去杂

从田间采回的土样，应及时进行风干。其方法是将土壤样品弄成碎块平铺在干净的纸上，摊成薄薄的一层放在既阴凉干燥通风，又无特殊的气体（如氯气、氨气、二氧化硫等）、无灰尘污染的室内风干，经常翻动，加速干燥。切忌阳光直接曝晒或烘烤。在土样半干时，须将大土块捏碎（尤其是黏性土壤），以免完全干后结成硬块，难以磨细。样品风干后，应拣出枯枝落叶、植物根、残茬等。若土壤中铁锰结核、石灰结核或石子过多，应细心拣出称重，记下所占的百分数。

2.磨细和过筛

物理分析时，取风干土样 100～200 g，放在木板或胶板上用胶塞或圆木棍碾碎，放在有盖底的 18 号筛（孔径 1 mm）中，使之通过 1 mm 的筛子，留在筛上的土块再倒在木板上重新碾碎，如此反复多次，直到全部通过为止。不得抛弃或遗漏，但石砾切勿压碎。留在筛上的石砾称重后须保存，以备石砾称重计算之用。用时将过筛的土样称重，以计算石砾重量百分数，然后将土样充分混合均匀后盛于广口瓶中，作为土壤颗粒分析及其他物理性质测定之用。

化学分析时，取风干样品一份，仔细挑去石块、根茎及各种新生体和侵入体，再用圆木棍将土样辗碎，使其全部通过 18 号筛（1 mm），这种土样可供速效性养分及交换性能、pH 等项目的测定。测定土壤全氮、有机质等项目的样品，可用通过 1 mm 筛孔的土样，用四分法或多点取样法取出样品约 50 g，放入瓷研钵中进一步研磨，使其全部通过 60 号筛（孔径 0.25 mm）为止。如果需要测定全磷、全钾，还需从 1 mm 土样中取出约 20 g，磨细并使之全部通过 100 号筛（孔径 0.15 mm），分别混匀后，装入广口瓶中。

3.保存和登记

样品装入广口瓶后，应贴上标签，标明土样号码、土类名称、采样地点、深度、日期、孔径、采集人等。瓶内的样品应保存在样品架上，尽量避免日光、高温、潮湿或酸碱气体等的影响，否则影响分析结果的准确性。

三、用具

土钻、小土铲、米尺、布袋（盐碱土需用油布袋）、标签、铅笔、土筛、广口瓶、天平、胶塞（或圆木棍）、木板（或胶板）等。

四、创新思考

（1）土壤气样品的采集与处理在分析工作中有何意义？

（2）处理土样时为什么＜1 mm、＜0.25 mm 和＜0.15 mm 的细土必须反复研磨，使其全部过筛？

（3）处理通过 1 mm 及 0.25 mm 土筛的两种土样，能否将两种筛套在一起过筛，分别收集两种筛下的土样进行分析测定？为什么？

实验三　低温等离子体技术去除大气污染物实验

一、实验目的

低温等离子体技术在去除大气污染物方面具有处理效率高、占地面积较小、副产物少、处理时间短等特点，在处理氮氧化物、二氧化硫和硫化氢等大气污染物中有良好的应用前景。本实验通过具体应用使学生理解低温等离子体技术去除大气污染物的基本原理。

二、实验原理

在外加电场的作用下，介质放电产生大量携能电子轰击污染物分子，使其电离、解离和激发，然后便引发了一系列复杂的物理、化学反应，使复杂大分子污染物转变为简单小分子物质，或使有毒有害物质转变为无毒无害或低毒低害物质，从而使污染物得以降解去除。

实验所用的低温等离子体反应器如图 4-5 所示。反应器有效长度为 50 cm，选用材料是 PMMA，管内径为 45 mm，反应器中心和管壁外为两电极，两电极之间施加有工频交流电压，电压可以根据需要调节，反应器内放有钛酸钡填料。当外加交流电源施加在介电层上时，钛酸钡填料就会极化，在每一个钛酸钡填料附近就会形成很强的电场，从而产生局部放电，当施加的交流电压超过电晕产生初始电压时，反应器内就会充满很多高能电子，这些电子与污染物分子相互碰撞，会提高污染物的处理效率。

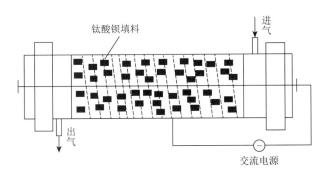

图 4-5　低温等离子体反应器装置图

三、实验试剂与仪器

本实验的研究装置如图 4-6 所示，该实验装置由空气压缩机、缓冲瓶、流量计、高压电源、等离子体反应器、恒温水浴和 U 形压力计等实验设备组成。

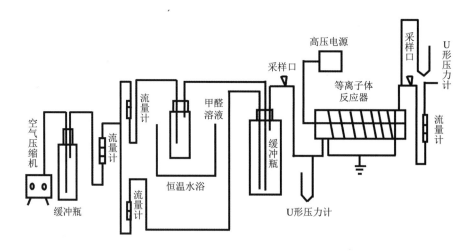

图 4-6　实验装置示意图

空气由空气压缩机进入管路，经过缓冲瓶、流量计后分流：一路进入装有甲醛溶液的瓶中，带动甲醛气体分子挥发进入混合瓶，另一路直接进入混合瓶；当两路气流在混合瓶混合后，甲醛浓度趋于稳定，混合后的气体进入反应器进行处理。在等离子体反应器进口和出口处各有一采样口，用于气体的取样分析。

四、实验方法及步骤

（一）实验前的检查

（1）检查关闭四个流量计的调节阀。

（2）检查关闭各个气体取样阀。

（3）检查两个压力计是否正常。

（4）检查各个用电器（如空气泵、恒温控制器、等离子体反应器）的电源是否已接通。

（二）进行实验

（1）调节空气流量计至实验所需要的流量（一般控制在 12 ～ 160 L/h，相当于 200 ～ 266 mL/min）。

（2）打开恒温控制器的电源控制开关（在恒温控制器的面板上），控制仪表经过自检后自动进入加热控制状态。经过智能化程序升温控制（指环境温度低于 25 ℃时），经一定时间后，恒温箱处于恒温状态。

（3）当整个系统按照实验计划进行运转一定时间后（一定要超过理论停留时间），可以在各个取样阀口进行取样，取样顺序从系统的前面到后面。气体样品如果能直接采用气相色谱仪进行测定的，则采用注射器取气样 0.5 ～ 1 mL，直接打入气相色谱仪进行测定。

如果气体样品不能直接采用气相色谱仪进行测定的，则要先用大气采样器进行采样、浓缩、转移，然后打入气相色谱仪进行测定。对于无机气体样品，则要先用大气采样器进行采样，然后选择其他的分析方法进行分析测定。

（4）当上一轮实验结束以后，可以根据需要改变实验条件进行下一轮的实验。

（5）实验完毕的整理。

五、实验数据记录

实验数据的记录如表4-3、表4-4所示。

表4-3　电场强度对去除效率的影响记录表

高浓度时电场强度 / (kV·cm⁻¹)	去除效率 /%	低浓度时电场强度 / (kV·cm⁻¹)	去除效率 /%
5		5	
6		6	
7		7	
8		8	
9		9	
10		10	
11		11	
12		12	
13		13	

表4-4　反应器中填料对对去除效率的影响记录表

电场强度 / (kV·cm⁻¹)	有填料去除率 /%	无填料去除率 /%
5		
6		
7		
8		
9		
10		

电场强度 / (kV · cm^{-1})	有填料去除率 /%	无填料去除率 /%
11		
12		
13		

六、思考题

（1）如何保证入口气体浓度不变？

（2）等离子反应器内的分解机理是什么？

第五篇
大气污染控制工程实验常用仪器及使用方法

基于大气环境化学方面，对大气样品分析常用的仪器进行说明介绍。

仪器一　酶标仪

一、酶标仪的用途

酶标仪也叫酶联免疫检测仪，是酶联免疫吸附试验的专用仪器，酶标仪的功能是用来读取酶联免疫试剂盒的反应结果，检测项目有乙肝五项、艾滋病检测、优生优育系列检测、激素检测等。

二、酶标仪的使用方法

第一步，接上电源，打开机器开关，机器开启并自检后，根据机器上的提示，输入00000后按输入键即可进入机器的操作界面。

第二步，如果试验的程序已编好，则可直接调出在储存检索菜单里的程序，直接读板。如果试验的程序需要重新编辑，则按编辑菜单里面的程序设置，进行新的试验程序的编辑。

第三步，编辑新程序：按编辑菜单，先进入程序设置，里面需要进行编辑的有以下几个分菜单，即阈值设置、报告种类设置、标准品设置、试验模式设置、酶标板布局设置。定性试验一般要求对阈值进行设置，定量一般则不做要求；定性试验一般不需要对标准品进行设置，而定量则需要对标准品进行设置。

第四步，阈值设置：阈值设置里有以下几个小分项，即不使用、常数、质控、公式、比值等。公式阈值：将光标移到公式阈值处，机器里面存有五个公式可供选择，根据试剂盒上的说明选择相应的公式，然后连续按输入键进入公式，修改里面的 K 值参数和灰区值（K 值参数和灰区值的修改，根据试剂盒说明所给的数据），修改完后按输入键。质控：此设置只需在单阈值内输入灰区值按输入即可。以上两项是试验最常见到需修改的地方，如定量试验则直接选择不使用，跳过此项设置。

第五步，报告种类设置选择此选项，里面有以下几个分项：原始数据、吸光度、限值、矩阵值、阈值、曲线、浓度、差异。定性试验一般选择原始数据报告、吸光度报告、阈值报告；而定量试验一般选择原始数据报告、吸光度报告、浓度报告、曲线报告。

选择方法：将光标移到所要选择的报告上，按下选择键即选定了所要选择的报告种类，再按下选择键，则解除刚才所选择的报告种类。

曲线报告只能在内置打印机和计算机联合使用时，方可打印此报告。

第六步，标准品设置：此项设置适用于定量试验，定性试验可不做此项设置。

标准品设置包括标准品信息的设置，其中包括标准品的数量、浓度、单位；标准曲线设置包括曲线种类的设置和坐标轴的设置。

标准品数量：可设置 0 ～ 12 个标准品数量，在浓度选项里填入已给定浓度的大小；在单位选项里备有几十个单位可供选择，根据已知浓度的单位选择与之相一致的单位。

曲线设置：机器里备有多种曲线可供选择用于标准品的拟和；坐标轴的设置：在这个选项里可对坐标轴的 X 轴、Y 轴，进行线性或非线性的设置。

第七步，试验模式设定：在光学测定模式中，机器默认是单波长，将光标移到单波长处，按右箭头即选择键即可选择双波长，再按一下，则又变成单波长。将光标移到波长处，按右箭头即选择键可在机器里设置好的波长参数里来回选择。

振动的设置：机器默认为开，将光标移到开位置，按右箭头即变成关闭；再按即又恢复开启状态。时间处：利用数字键键入所需时间。振动强度：用右箭头来回选择中、强、弱。

读数：读数设定里有两个分项，分别是读数速度和读数方式。将光标移到读数速度这个选项，里面有快速读数和逐步读数两个分项，用右键在两个选项中来回选择。快速读数单波长 6 s，双波长 15 s；逐步读数：单波长 15 s，双波长 30 s；将光标移到读数方式这个选项，里面有普通读数和评估读数两种，用右键在两个选项中来回选择，以上参数选择完成以后按输入键，使修改的东西得以保存。在读数速度里的快速读数适用于试验量较大的试验；而读数方式里的普通读数，读一次数就出试验结果，评估读数则是读四次取平均值，这样使读出的数据更准确。

第八步，酶标板布局的设定：输入键进入此菜单，选择手工排板，按输入键。机器默认的酶标板布局第一竖排是空白孔，以 B 表示，第二竖排是标准品以 S 表示；后面均为加入的样品以 X 表示。

排版方法：你想对某个孔进行设置，如将第一竖排第二个空白孔设置成标准品 9 号孔，如果屏幕的左上角字母是"F"，则只需把光标移到该孔，然后按下标有 STD 的键，那么屏幕上显示该孔现在为标准品 1 号孔，在按下表盘上的转换键，此时屏幕上的字母变为"N"，输入 O9 则变成了标准品 9 号孔。所有孔的设置均可按此方法进行设置。在屏幕的左上角字母是"F"的情况下，可对某一孔的性质进行设置，如空白（BLK 键）、标准品（STD 键）、质控（QC 键）、样品（SMP 键）阳性对照（CP 键）、阴性对照（CN 键）等；在屏幕的左上角字母是"N"的情况下可对该孔的数字编号进行修改，范围为 0 ～ 96。字母"F"和"N"可通过转换键来回切换。如果多次试验均用一种排板布局，则可以把该模板保存下来，用时即可调出直接使用，排版设置标准品的数量必须和前面标准品信息里的标准品个数相符合，否则无法保存。酶标板布局设置完成后，按输入键即可。

第九步，试验名称的设置：机器里面有默认的名字，如果你想对其进行修改，便于自己的记忆，可利用光标上键（A ～ Z）、下键（Z ～ A）来选择你便于记忆的字母，转换键可改变其大小写。按输入键，将修改后的名称得以保存。以上试验设置完成后，按标盘上的开始键即可读板了，读完后自动打印，无须按打印键。

以下为其他各项的设置。

权限设定。

更改密码：输入新密码，按输入键即可。

更改使用者：输入新的使用者以及密码，按输入键即可。

程序锁定或解除：移动光标选择程序，用右箭头锁定或解除滤光片设置。

机器一共有八个槽子，可配八个滤光片，机器标准配置的四个滤光片为405、450、490、630，如果用户有需要可加装滤光片。直接插入槽中，轻轻转动转轮，没有阻当的感觉即可，然后在此操作界面，在插入滤光片的位置输入波长值，按输入键回到前一界面。

时间设置：在此界面可设置年、月、日，以及具体的时间、小时、分钟、秒等。

仪器二　气相色谱质谱联用仪

以 Agilent GC 6890—5975I MS 为例。

使用方法：气相配有顶空进样器、FID 检测器。

具体使用方法如下。

一、开、关机顺序

开机：通氮气→开电源→设置温度（柱箱、汽化）→加热→通空气、氢气→点火→调准基线→进样。

关机：关氢气、空气→关掉加热器→通者氮气降温至室温→关电源→关氮气。

二、温度设定

（1）柱温设定（范围：-99～399 ℃）。例如，设置温度为50 ℃，命令为COL/AUX.1 I.TEMP 50 ENT。进样器温度设定（范围：0～99 ℃）。例如，设置温度为120 ℃，命令为INJ/AUX.2 120 ENT。

（2）了解温度设定情况。柱温命令为COL/AUX.1 I.TEMP ENT；进样器命令为INJ/AUX.2 ENT。

（3）监测实际温度。柱箱命令为MONI COL/AUX.1；进样器命令为MONI INJ/AUX.2。

（4）设定温度的启动和停止。柱箱温度和汽化室温度设定好后，按START键，开始升温（要执行程序升温，接着按START键）。

要设定温度控制自动停止，命令如下，如设定STOPTIME为5 h（单位：min），命令为SHIFT.D 2/STOP.T 300 ENT。

三、检测器

（1）选择检测器，依次按 DET 1 ENT，选择了检测器 1。如果了解现用检测器的编号，依次按 DET ENT。

了解与编号相对应的检测器类型时，命令为 MONI DET 1 ENT。

（2）设置检测器量程。例如，设置量程 1：RANG 1 ENT；显示目前使用量程：RANG ENT。

四、分析

当柱温、汽化室温度设定好后，按 START 键，开始升温到设定的温度。当柱室温度达到所设定温度（±1 ℃）时，READY 灯亮。但因温度稳定达到所设定值之前，会略有波动，REDAY 灯会闪烁一两次，但很快就会稳定。当柱箱和汽化室温度达到设定的温度时，就可以进样分析了。

五、数据处理

（1）接通电源开关，全部指示灯点亮约需 1 s，其后，指示灯的闪烁约持续 30 s。其间，如果没有不良情况，READY 的指示灯点亮。

（2）设定记录器的灵敏度，如设定灵敏度为 8 时：ATTEN 3 ENTER。设定送纸速度：SPEED 10 ENTER。

（3）画出色谱仪的基线，操作 SHIFT DOWN PLOT ENTER 键，一直等到色谱仪的基线稳定为止。再一次操作 SHIFT DOWN PLOT ENTER 键，则作图停止。

（4）查看色谱仪的零点是否偏离（单位：μV），按动 PRINT 键，再按动 CTRL 键，按动 LEVEL 键。放开 LEVEL 键后，再放开 CTRL 键。接着按动 ENTER 键（注意：CTRL 键必须比目的键 LEVEL 先按，比目的键后放开）。

（5）调整色谱仪的零点，使之进入 $-1\ 000\ \mu V \sim +5\ 000\ \mu V$ 的范围。反复进行 4 ～ 5 项操作。

（6）记录笔移至原点，操作 ZERO ENTER 键。

（7）进样分析，在色谱分析仪中注入试样，同时按动 START 键。

仪器三　液相色谱质谱联用仪

一、仪器组成与开机

（一）仪器组成

本液质联用仪（LC-MS）主要由 Agilent 1200 系列液相色谱系统、质谱分析系统和仪器控制系统组成。液相色谱系统包括泵、脱气机、自动进样设备、柱温箱、二极管阵列紫外检测器；质谱分析系统包括气源（高纯氮气）、真空泵、离子源、四极杆质量分析器。

（二）开机

依次打开液相色谱各部件及电脑的电源开关；打开氮气瓶、液氮罐、真空泵和质谱检测器电源开关。

二、编辑实验方法

（1）点击桌面 Data Acquisition 图标，启动 MassHunter 软件；工作站画面分为仪器状态界面、实时绘图界面、方法编辑界面和工作列表界面。

（2）在方法编辑界面设定 HPLC 条件：自动进样器参数、泵参数、柱温箱参数、检测器参数。

（3）在方法编辑界面设定 MS QQQ 条件：选择调谐文件、设置扫描段 Scan Segment、在 MRM 扫描段表中，设定母离子、子离子以及每个四极杆的分辨率（unit、wide 和 widest）、设置 QQQ 仪器的电离源参数（ESI、APCI）。

（4）保存方法文件。

（5）运行单个样品：分别于样品栏中输入样品描述、瓶号以及数据文件名等；点击工具栏 Start Sample Run 图标开始采样。

（6）运行多个样品。添加一个样品：从工作列表菜单选择 Add Sample 并输入以下样品信息，即样品名称、样品位置、方法、数据文件名称、样品类型、注射体积等。

添加多于一个的样品：从工作列表菜单选择 Add Multiple Sample。在 Sample Position 表格中，选择被分析样品的位置；在 Sample Information 中设定运行信息、方法路径以及数据文件储存路径。

（7）保存工作列表并开始运行。

三、数据分析

分别点击桌面上的 Agilent Masshunter Qualitative Analysis 和 Agilent Masshunter Quantitative

Analysis 图标，进入数据分析系统，对所得到的数据进行定性和定量分析。

四、关机

确认前级泵的气镇阀（Gas Blast Valve）处于关闭状态；分别关闭液相泵、柱温箱和检测器；点击 MS QQQ 图标，选择放空 Vent，等待仪器涡轮泵停转，且前后四极杆温度均低于 50 ℃后关闭 MS QQQ 电源开关；关闭 LC 1200 各模块电源开关，关闭 MassHunter 软件，关闭计算机、碰撞气和液氮罐开关阀。

五、日常维护

（1）电源管理：本仪器使用电压稳定、相序正确、良好接地的 220 V 交流电。当有停电通知时，应至少提前半小时按照正确步骤关机。如遇任何形式的突然断电、插头脱落和开关的误操作，均严禁在仪器的真空系统未完全停止惯性转动之前重新启动仪器；应在仪器完全停转，并确认电源能够稳定供应时，重新启动仪器。

（2）气体管理：质谱仪使用液氮罐作为干燥气和喷雾气来源，正常供气时，罐内气体压力应保持在 10 个大气压左右，分压出口压力为 6 个大气压；质谱仪使用高纯氮钢瓶作为碰撞气来源。

（3）溶剂管理：所用溶剂均应保持洁净。严禁使用不挥发性盐、表面活性剂、螯合剂和无机酸作为流动相添加剂。如使用的水相中不含有 10% 以上的甲醇或乙腈，保存超过 3 日的应予以更换。

（4）根据使用情况，定期对离子源进行清洗。

仪器四　电感耦合等离子体质谱（ICP-MS）

一、ICP-MS 仪器介绍

测定超痕量元素和同位素比值的仪器。由样品引入系统、等离子体离子源系统、离子聚焦和传输系统、质量分析器系统和离子检测系统组成（图 5-1）。

工作原理：样品经预处理后，采用电感耦合等离子体质谱进行检测，根据元素的质谱图或特征离子进行定性，内标法定量。样品由载气带入雾化系统进行雾化后，以气溶胶形式进入等离子体的轴向通道，在高温和惰性气体中被充分蒸发、解离、原子化和电离，转化成带电荷的正离子，通过铜或镍取样锥收集的离子，在低真空约 133.322 Pa 压力下形成分子束，再通过 1～2 mm 直径的截取板进入质谱分析器，经滤质器质量分离后，到达离子探测器，根据探测器的计数与浓度的比例关系，可测出元素的含量或同位素比值。

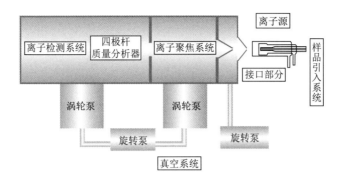

图 5-1　ICP-MS 基本原理和仪器基本构造

仪器优点：具有很低的检出限（达 ng/mL 或更低），基体效应小、谱线简单，能同时测定许多元素，动态线性范围能快速测定同位素比值。地质学中用于测定岩石、矿石、矿物、包裹体，地下水中微量、痕量和超痕量的金属元素，某些卤素元素、非金属元素及元素的同位素比值。

二、ICP 产生原理

ICP-MS 所用电离源是感应耦合等离子体（ICP），它与原子发射光谱仪所用的 ICP 是一样的，其主体是一个由三层石英套管组成的炬管，炬管上端绕有负载线圈，三层管从里到外分别通载气、辅助气和冷却气，负载线圈由高频电源耦合供电，产生垂直于线圈平面的磁场。如果通过高频装置使氩气电离，则氩离子和电子在电磁场作用下又会与其他氩原子碰撞产生更多的离子和电子，形成涡流。强大的电流产生高温，瞬间使氩气形成温度可达 10 000 K 的等离子焰炬。样品由载气带入等离子体焰炬会发生蒸发、分解、激发和电离，辅助气用来维持等离子体，需要量大约为 1 L/min。冷却气以切线方向引入外管，产生螺旋形气流，使负载线圈处外管的内壁得到冷却，冷却气流量为 10 ～ 15 L/min。

使用氩气作为等离子体气的原因：氩的第一电离能高于绝大多数元素的第一电离能（除 He、F、Ne 外），且低于大多数元素的第二电离能（除 Ca、Sr、Ba 等）。因此，大多数元素在氩气等离子体环境中，只能电离成单电荷离子，进而可以很容易地由质谱仪器分离并加以检测。

焰火的三个温度区域：焰心区呈白色，不透明，是高频电流形成的涡流区，等离子体主要通过这一区域与高频感应线圈耦合而获得能量。该区温度高达 10 000 K。内焰区位于焰心区上方，一般在感应圈以上 10 ～ 20mm，略带淡蓝色，呈半透明状态。温度为 6 000 ～ 8 000 K，是分析物原子化、激发、电离与辐射的主要区域。尾焰区在内焰区上方，无色透明，温度较低，在 6 000K 以下，只能激发低能级的谱线。

最常用的进样方式是利用同心型或直角型气动雾化器产生气溶胶，在载气带下喷入焰炬，样品进样量大约为 1 mL/min，靠蠕动泵送入雾化器。

在负载线圈上面约 10 mm 处，焰炬温度大约为 8 000 K，在高温下，电离能低于 7 eV

的元素完全电离，电离能低于 10.5 eV 的元素电离度大于 20%。由于大部分重要的元素电离能低于 10.5 eV，因此具有很高的灵敏度，少数电离能较高的元素，如 C、O、Cl、Br 等也能检测，只是灵敏度较低。

ICP-MS 由 ICP 焰炬、接口装置和质谱仪三部分组成；若使其具有好的工作状态，必须设置各部分的工作条件。

三、ICP-MS 系统介绍

ICP 主要包括 ICP 功率、载气、辅助气和冷却气流量、样品提升量等，ICP 功率一般为 1 kW 左右，冷却气流量为 15 L/min，辅助气流量和载气流量约为 1 L/min，调节载气流量会影响测量灵敏度。样品提升量为 1 mL/min。

（一）样品导入系统

雾化器、雾化室。最常用的进样方式是利用同心型或直角型气动雾化器产生气溶胶，在载气带下喷入焰炬，样品进样量大约为 1 mL/min，靠蠕动泵送入雾化器（图 5-2）。

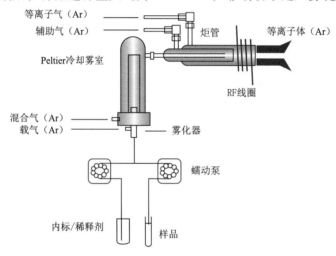

图 5-2　样品导入示意图

标准样品引入系统由两个主要部分组成，即样品提升部分和雾化部分。

样品提升部分可以使用蠕动泵或自提升的雾化器。蠕动泵用于提升样品或提升经 T 接头混合的样品 / 内标混和液，可以便捷地实现内标的在线加入。使用标准的 1.02 mm 内径的样品管时，在 0.1 rps 转速下，蠕动泵提升样品的能力大约为 0.4 mL/min。而内标管的直径为 0.19 mm，因此内标液的流速更慢，在 0.1 rps 转速下，蠕动泵提升内标的能力大约为 20 μL/min。也就是说，内标溶液相当于被稀释 20 倍，所以虽然我们要求引入系统的内标元素浓度为 50 ppb，但使用的内标溶液浓度为 1 ppm（1 000 ppb）。

即使用自提升的雾化器，仍需要使用蠕动泵，因为雾化器里的废液是通过蠕动泵排到废液桶中的。如果雾化器不排废液，将导致信号不稳定，如果过多的液体流入炬管，将导致熄火，对仪器造成危害。

样品引入系统的第二部分是雾化器和雾化室。样品以泵入方式或者自提升方式进入雾化器后，在载气作用下形成小雾滴，并进入雾化室。大的、重的雾滴碰到雾化室壁后被排至废液中，只有小雾滴才可进入等离子体内。载气的流量决定了雾化效率，当载气流量不够大时，可以增加混合气流量以保证雾化效率（如进行等离子体实验时）。

雾化室的主要目的是去除大液滴，阻止其进入炬管，保证只有小颗粒的气溶胶才可以进入等离子体内。使用雾化室可以提高等离子体的稳定性和离子化的效率。大液滴碰撞到雾化室的室壁，并由废液管排出。

炬管和雾化室可以通过计算机 x、y、z 三维调控，调节精确度可达 0.1 mm；使用接头夹固定炬管和连接管，方便器件的维护、更换；通过化学工作站软件可以控制、移动整个炬管箱至后方，方便用户直接维护锥和提取透镜。

Agilent 7500 ICP-MS 使用的是 ICP 仪器上通用的 Fassel 型炬管。这种炬管由三个同心石英管组成，每层管路中流经的气体都有所不同。如果最中心的管路使用铂或蓝宝石材质的内插管，则可检测含 HF 的样品。

炬管的一端深入工作线圈中，工作线圈可以诱导产生用于样品离子化的等离子体。为防止等离子体的高温将炬管融化（等离子体的温度可以达到 10 000 K），系统向炬管的最外层石英管中引入冷却气（又称等离子体气），其流量达 15 L/min。冷却气 / 等离子体气的主要作用是将等离子体推离炬管内壁，避免炬管融化，同时也为等离子体的形成提供了支持气。在炬管第二层石英管中引入的是辅助气，其流量大约为 1 L/min，其作用是将等离子体推离中心样品引入管的末端，同时维持等离子体"火焰"。

载气从炬管的最中心管路进入炬管，同时将雾化室内形成的气溶胶带入炬管。载气流路（包括雾化器中引入的载气和混合气）的流量要足够大，保证可以在等离子体中心吹出一个"孔"，以将样品引入等离子体中，实现样品的离子化；但载气流量又不能太大，以免降低气溶胶解离和离子化效率，并避免降低等离子体温度。一般说来，使用标准 2.5 mm 的炬管时，推荐的载气流速为 1.2 L/min。

（二）接口系统

ICP 产生的离子通过接口装置进入质谱仪，接口装置的主要参数是采样深度，即采样锥孔与焰炬的距离，要调整两个锥孔的距离和对中，同时要调整透镜电压，使离子有很好的聚焦。

（三）质谱仪

其主要是设置扫描的范围。为了减少空气中某些成分的干扰，一般要避免采集 N_2、O_2、Ar 等离子，进行定量分析时，质谱扫描要挑选没有其他元素及氧化物干扰的质量。同时要有合适的倍增器电压。事实上，在每次分析之前，需要用多元素标准溶液对仪器整体性能进行测试，如果仪器灵敏度能达到预期水平，则仪器不再需要调整，如果灵敏度偏低，则需要调节载气流量，锥孔位置和透镜电压等参数。

扇形磁场质量分析器：由于洛伦兹力的作用，磁场能够对垂直磁场方向入射的带电粒子进行偏转，偏转的角度与粒子的质量、所带电量、初速度有关。对于相同动能的离子而言，偏转角度就只与离子的质荷比（m/z）有关。由于需要用到高强度匀强磁场（一般为 1.5 T），经典的扇形磁场质量分析器的体积一般比较大。扇形磁场是历史上最早出现的质量分析器，除了在质谱学发展史上具有重要意义外，还具有很多优点，如重现性良好的峰形与同位素丰度，分辨率与质量大小无关，能够快速进行扫描（每秒 10 个质荷比单位）。在目前出现的小型化质量分析器中，扇形磁场所占的比重不是很大，主要是因为如果把磁场体积和重量降低后将极大地影响磁场的强度，从而大大削弱其分析性能。但是，随着新材料和新技术的不断出现，这种局面可在将来得到改观。

Agilent 7500 四级杆：Agilent 7500 系列使用的是四级杆质量过滤器。四级杆由四根精密加工的双曲面杆平行成对儿排列而成。四级杆由纯钼材料制成，四个杆的中央空隙部分排列着离子束。RF 电压和 DC 电压加在对角的两个杆上，而在另外两个杆上加的是相同大小的负电压。电压的交替改变，产生了电磁场，与离子束发生相互作用。在特定的电压下，只有特定质量数的离子才能稳定地沿轨道穿过四级杆。因此，通过快速扫描、变换电压的方式，不同质量数的离子可以在不同时间内稳定，并穿过四级杆到达检测器。四级杆质量过滤器的扫描速度超过每秒 3 000 amu，相对于每秒时间内可以对整个质量范围扫描 10 次。

因为四极杆的扫描速度毕竟是有限的，所以如果离子进入四级杆的速度太快，就会导致四极杆分离离子的能力降低。因此，仪器在四级杆之前使用了一个 Plate Bias 透镜，并在其上施加电压以降低离子进入质量过滤器的速度。如果在该透镜上施加的是正电压（最大为 +5 V），那么就更可以有效地降低离子速率，得到更好的峰形。

四、ICP-MS 使用注意事项

（一）ICP 离子源中的物质

（1）已电离的待测元素：As^+、Pb^+、Hg^+、Cd^+、Cu^+、Zn^+、Fe^+、Ca^+ 等。

（2）主体：Ar 原子（> 99.99%）。

（3）未电离的样品基体：Cl、$NaCl(H_2O)_n$、SO_n、PO_n、CaO、$Ca(OH)_n$、FeO、$Fe(OH)n$……这些成分会沉积在采样锥、截取锥、第一级提取透镜、第二级提取透镜（以上部件在真空腔外）、聚焦透镜、W 偏转透镜、偏置透镜、预四极杆、四极杆、检测器上（按先后顺序依次减少），是实际样品分析时仪器不稳定的主要因素，也是仪器污染的主要因素。

（4）已电离的样品基体：ArO^+、Ar^+、ArH^+、ArC^+、$ArCl^+$、$ArAr^+$（Ar 基分子离子）CaO^+、$CaOH^+$、SOn^+、POn^+、NOH^+、ClO^+……（样品基体产生），这些成分因为分子量与待测元素如 Fe、Ca、K、Cr、As、Se、P、V、Zn、Cu 等的原子量相同，是测定这些元素的主要干扰。

特别需要注意的是，1 ppt 浓度的样品元素在 0.4 mL/min（Babinton 雾化器，0.1 rps）速度进样时，相当于每秒进入仪器 > 10 000 000 个原子；而在检测器得到的离子数在 10 ~ 1 000，即 > 99.99% 的样品及其基体停留在仪器内部或被排废消除。因此，加大进样量提高灵敏度的后果是同时加大仪器受污染速度。

（二）碰撞 / 反应池系统的三种工作方式

（1）Collisional Induced Dissociation（干扰离子碰撞解离 CID）。

（2）什么是碰撞诱导解离（CID）？

（3）这是一个通过中性分子的碰撞把能量传递给离子的过程。这种能量传递足以使分子键断裂和所选择的离子重排。

（三）影响仪器检测能力的因素

（1）环境污染与实验室工作条件。

（2）实验步骤的优化设计。

（3）试剂污染因素。

（4）购买适合测定要求的高纯试剂。

（5）分子离子的干扰因素。

（6）优化样品引入系统、干扰校正方法、屏蔽炬、冷离子体技术、碰撞池或反应池。

（7）记忆效应。

（8）优化样品引入系统，加长冲洗时间，提高操作人员的素质。

（9）接口效应，基体效应。

（10）选择信号强度随着基体元素的基体效应、接口效应而与待测元素信号强度同时增强或降低的内标进行校正。

（11）随机背景。

（12）四极杆、离子透镜、真空系统等的优化组合设计。

五、ICP-MS 基本操作流程

（一）开机

（1）开计算机（密码 3000hanover），打印机。

（2）打开仪器的总电源开关（在仪器后面的下角）和前面的电源开关。

（3）双击桌面的"ICP-MS TOP"图标 进入工作站。

（4）从 Instument 菜单中选择"Instrument control"或者单击"Instrument control"图标 进入下图所示的仪器控制界面。从"Vacuum"菜单中选择"vacuum on"，抽真空，第一次开机需要抽过夜。仪器状态从"SHUTDOWN"到"STANDBY"状态转换。

（5）从"Meters"菜单中选择"Meter Control Panel"，进入如图 5-3 所示画面，可

以对真空、水流量、环境温度、雾室温度、气体压力及射频功率进行实时监测。一般选择以下几项 IF/BK Pressure——接口及背压阀压力；Water Temperature——循环水温；S/C-Temperature——雾室温度；Forward Power——入射功率；Reflected Power——反射功率。

（6）首次开机，因为要使用碰撞池，还需从"Maintenance"菜单中选择"Reaction Gas"，勾选"Open Bypass Valve"，设置所需反应气流量 2 ~ 5 mL/min，进行反应气气路吹扫。如果仪器每天使用，反应池吹扫 5 ~ 10 min 即可；如仪器长期不用，使用前需提前 2 mL/min 吹扫过夜。

（7）仪器状态转换为"STANDBY"状态后，开氩气（0.7 Mpa），循环水、排风。卡上蠕动泵管，样品管必须放入 DIW（去离子水）中，若连有内标管，亦放入 DIW 中。

（8）从"Maintenance"菜单中选择"Sample Introduction…"，进入如下图设置：检查确认"Inputs"显示与"Outputs"输入一致，蠕动泵的样品及排液管工作正常。几分钟后，点击"Close"退出 Sample Introduction Maintenance 界面。

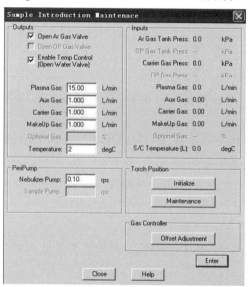

图 5-3　Sample Introduction Maintenance 界面

（9）从 Instument control 界面选择"Plasma"菜单中的"Plasma ON"进行点火，仪器由"Standby"状态向"Analysis"状态转换。若已经开机一段时间，天天使用仪器，可直接从步骤 6 开始做。

（二）关机

（1）进完样品后，先用 5% HNO_3 冲洗系统 5 min，再用去离子水冲洗系统 5 min，最后进样针一定要在水里。

（2）从 Instument control 界面选择 Plasma 菜单中的 Plasma off 进行灭火，仪器由状

态 Analysis 向 Standby 状态转换。

（3）待仪器转换为"Standby"状态后，日常关机，关闭通风设备和冷却水，将蠕动泵管松开。

（4）若仪器长时间不用，需要真空。灭火后，点击"Vacuum"菜单，选择"vacuum off"进行放真空程序，仪器由 Standby 向 Shutdown 转换。

（5）待转换为"Shutdown"状态后，关氩气、循环水、排风。

（6）退出工作站，关电源，最后松开蠕动泵。

（三）维护

（1）定期检查机械泵的油位及颜色，添加或更换油。

（2）定期打开机械泵的振气阀使油气过滤器中的泵油流回泵中。

（3）循环水应更换，一般半年一次。

（4）灵敏度降低需清洗雾室、雾化器、炬管、锥及透镜。

第六篇

大气污染控制实验
安全要求

一、大气实验室安全

（一）一般安全

（1）实验室应留有观察窗口并张贴安全责任人信息或信息标牌。具体内容包括安全风险点的警告标志、安全责任人、所涉及风险类型、防御对策以及紧急联系电话等，并及时更新。

（2）实验室的各种物品应摆放整齐，保持室内通风、地面干燥，及时清除废弃物料，保持消防通道畅通，便于取用防护用品、消防器材并关闭总电源。

（3）实验室要指派人员，对本实验室安全管理工作进行监督与检查。

（4）凡进入实验室的工作人员，均应当进行危险源安全常识、安全技术、作业规则等有关培训，对没有相应安全教育经验或未达到及格成绩的人员，管理人员禁止其进入实验室。

（5）学生进入实验室或开展实验活动前，指导老师应先说明与本实验室有关的安全常识和措施。

（6）进入实验室时要进行必要的个人保护。尤其注意危险化学物质、易燃易爆、放射、生物危害、特殊设备、机械传动部分、高温和高压气体等对人体健康的危害。

（7）实验工作人员应当严格遵守实验室的各项规定，以及实验操作规程，做好各项记录，了解并掌握实验室内可能发生的实验风险和应对方法，并做好必要的安全防护。

（8）进行试验时要严密注意试验进展状况，严禁私自离岗。进行危险试验时必须二人到场，不得把实验室内其他物品私自带出实验室。实验中出现异常状况，须及时向老师汇报并做出安全处置。

（9）如果出现起火、爆炸，或危险品被盗、流失、泄漏、严重环境污染和超高剂量辐射等重大安全事故时，应立即根据情形及时启动事故紧急处置预案，并采取相应的保护措施，同时及时向学校主管部门、保卫处汇报，在必要时向有关地方的公安、环境保护、卫生等政府主管部门汇报，发生经过和处置情况均须翔实记载并归档。

（二）消防安全

1. 实验室火灾隐患

（1）明火加热设备易引起火灾。实验室里使用加热器材和装置，会增加火灾风险。若加热装置工作时间过长，容易发生故障，引起火灾。

（2）违反操作规程易引起火灾。不规范的蒸馏、回流等作业，容易引起起火爆炸事件。

（3）易燃易爆危险品易引起火灾。

（4）化学废弃物易引起火灾。

（5）用电不规范或电路老化易引起火灾。私拉乱接导线，电子仪器设备超过规定的使用年限，供电插座周围存放易燃易爆物品，在单一供电插座上使用接转头连接较多的家用电器，或超负荷供电等都可能引发火灾事故。

（6）违规吸烟、乱扔烟头易引起火灾。

2.实验室防火自救的基本常识

（1）灭火的基础知识包括以下几种。

冷却法：对一般可燃物火灾，用水喷射、浇洒即可将火熄灭。

窒息法：用二氧化碳、氮气、灭火毯、石棉布、砂子等不易点燃或难以点燃的物品覆盖在燃烧物上，便可使火焰迅速熄灭。

隔离法：将可燃物附近易燃烧的东西撤到远离火源的地方。

抑制法（化学中断法）：用卤代烷化学灭火剂喷洒、覆盖火焰，通过抑制燃烧的化学反应过程，使燃烧中断，达到灭火目的。

（2）火灾初起的紧急处理。发现火灾立即呼叫周围人员，积极组织灭火。若火势较小，立即报告所在楼宇物管和学校保卫处。若火势较大，应拨打"119"报警。拨打"119"火警电话情绪要镇定，说清楚起火单位的名称、地址，起火楼宇和实验室房间号，起火物品，火势大小，有无易爆、易燃、有毒物质，是否有人被困，报警人信息（姓名、电话等）。等接警人员说消防人员已经出警，方可挂断电话，并且派人在校门口等候，引导消防车迅速准确到达起火地点。

（3）消防器材使用方法。实验人员要了解实验过程中所使用的药品的特性，及时做好防护措施。要掌握了解消防栓、各类灭火器、沙箱、消防毯等灭火器材的使用方法。

第一，消防栓。打开箱门，拉出水带，理直水带。水带一头接消防栓接口，一头接消防水枪。打开消防栓上的水阀开关。用箱内小榔头击碎消防箱内上端的玻璃按钮，按下启泵按钮，按钮上端的指示灯亮，说明消防泵已启动，消防水可不停地喷出灭火。出水前，要确保火场电源关闭。

第二，常用灭火器。干粉灭火器：主要针对各类易燃、可燃液体及带电设备的初起火灾；不适用于扑救精密机械设备、精密仪器、旋转电动机的火灾。

二氧化碳灭火器：主要用于各种易燃、可燃液体火灾，扑救仪器仪表、图书档案和低压电器设备等初起火灾。

操作要领：将灭火器提到距离燃烧物 3～5 m 处，放下灭火器，拉开保险插销→用力握下手压柄喷射→握住皮管，将喷嘴对准火焰根部。

（4）火场自救与逃生常识。

第一，安全出口要牢记，应对实验室逃生路径做到了如指掌，留心疏散通道、安全出口及楼梯方位等，以便关键时刻能尽快逃离现场。

第二，防烟堵火是关键，当火势尚未蔓延到房间内时，紧闭门窗、堵塞孔隙，防止烟火窜入。若发现门、墙发热，表明大火逼近，此时不能开窗开门。要用水浸湿衣物等堵住门窗缝隙，并泼水降温。

第三，做好防护防烟熏，逃生时经过充满烟雾的路线，要防止烟雾中毒、预防窒息。

为避免吸入火场烟雾，可采用浸湿衣物、口罩蒙鼻、俯身行走、伏地爬行撤离的办法。

第四，人身安全最重要，发生火灾时，应当迅速疏散，不要把宝贵的逃生时间浪费在寻找、搬离贵重物品上。已经逃离险境的人员，切莫重返火灾点。

第五，突遇火灾，面对烟雾和大火，必须保持镇定，迅速离开险地。切勿在逃生时大喊大叫。逃生时应从高处向楼底部移动。如无法向下逃生，则后退至楼顶，等候营救。

第六，发生火灾时不要乘电梯逃跑，要依据具体情况选择相对安全的楼梯通道。

第七，被烟雾包围一时无法逃脱，应尽量待在实验室窗口等易于被人发现和能避免烟火近身的地方，及时发出有效的求救信号，引起救援者的注意。

第八，当全身衣物着火时，千万不可跑动和拍打身体，应立即脱衣服或就地翻滚，以压熄火苗。

第九，如果安全通道无法安全使用，或救援人员不能及时赶到，可以迅速利用身边的衣物等自制简易救生绳，从实验室窗台沿绳缓滑到下面楼层或地面安全逃生，切勿直接跳楼逃生。不得已跳楼（一般3层以下）逃生时应尽量往救生气垫中部跳或直接选择附近有草坪等的区域起跳。如果徒手跳楼逃生一定要扒窗台使身体自然下垂跳下，并尽可能缩小垂直距离。

（三）水电安全

1.用电安全

（1）实验室内电气设备的安装和使用管理，应当遵循安全供电管理规范，大功率实验设备用电应使用专线，谨防因超负荷用电着火。

（2）实验室内应使用空气开关并安装必要的漏电保护器；电气设备和大型仪器须接地良好，对电线老化等隐患要定期检查并及时整改。

（3）熔断装置所用的熔丝应与线路允许的容量相匹配，严禁用其他导线替代。

（4）定期检查电线、插头和插座，发现损坏，及时更换。

（5）严禁在电源插座附近堆放易燃物品，严禁在一个电源插座上通过接转头连接过多的电器。

（6）不得私拉乱接电线，墙上电源未经允许，严禁拆装和改线。

（7）实验前先连接线路，检测供电装置，确定仪器设备状况良好后，方可接通供电。实验结束后，先关闭仪器设备，再切断电源，最后拆除线路。

（8）严禁带电插接电源，严禁带电清洁电器设备，严禁手上有水或潮湿接触电器设备。

（9）电器设备的安装位置应具有良好的散热环境，避免其与热源和可燃物品直接接触，保证设备接地安全。

（10）对于长时间不间断使用的电气设施，需进行必要的预防措施；若较长时间离开房间时，应断开电源开关。

（11）高压大电流的电气危险场所应设立警示标志，高电压实验应注意保持必要的安全距离。发生电气火灾时，应切断电源，拉闸断电后进行灭火。扑灭电气火灾时，要用绝缘性能好的灭火剂，如干粉灭火器、二氧化碳灭火器或干燥砂子，严禁使用导电灭火剂（如水、泡沫灭火器等）扑救。

2. 触电救援

触电救援时要迅速帮触电者脱离电源，具体方法如下：

（1）切断电源。当电源开关或电源插头在事故现场附近时，可立即将电闸关闭或将电源插头拔掉，使触电者脱离电源。

（2）用绝缘物（如木棒等）移去带电导线，使触电者脱离电源，不可用手直接拖拽触电者。

（3）用绝缘工具（如电工钳等）切断带电导线。

（4）若遇高压触电事件，应立即告知相关主管部门停电。

触电者脱离电源后，应迅速将其移到通风干燥的地方仰卧。若触电者呼吸和心跳均停止，在保持触电者气道通顺的同时，应立即交替进行人工呼吸和采取胸外按压等急救措施，拨打120，尽快将触电者送往医院，途中应继续进行心肺复苏。

3. 用水安全

（1）了解实验楼自来水各级阀门的位置。

（2）水龙头或水管漏水、下水道堵塞时，应及时联系修理、疏通。

（3）应保持水槽和排水渠道畅通。

（4）杜绝自来水龙头打开而无人监管的现象。

（5）输水管应使用橡胶管，不得使用乳胶管；水管与水龙头以及仪器的连接处应使用管箍夹紧。

（6）定期检查冷却水装置的连接胶管接口和老化情况，发现问题应及时更换，以防渗漏。

（7）实验室发生漏水和浸水时，应先关闭水阀。发生水灾或水管爆裂时，应切断室内电源，转移仪器防止其被水淋湿，组织人员清除积水，及时报告维修人员处置。如果仪器设备内部已被淋湿，应报请维修人员检修。

（四）化学品安全

1. 化学品采购

（1）一般化学品应从具有化学品经营许可资质的正规试剂公司购买。

（2）危险化学品是指具有毒害、腐蚀、爆炸、燃烧、助燃等性质特点，对人体、设施、周围环境造成危害的剧毒化学品和其他化学品。

（3）剧毒、易制毒、易制爆等危险化学品的采购受公安机关管控，应通过院系申请、学校保卫处等相关部门审批（填写《剧毒化学品购买凭证申请表》《易制毒化学品购买申请表》《购买易制爆危险化学品备案登记表》），由管理人员上网备案，获得公安机关审批后，统一采购。

（4）个人不得购买、转让和出售易制爆、易制毒和剧毒化学品。

2.化学品保存

存放化学品的一般原则有以下几条：

（1）存放化学品的场所应保持整洁、通风、隔热、安全，远离热源、火源、电源和水源，避免阳光直射。

（2）实验室严禁存放大桶试剂和大量试剂，严禁囤积大量的易燃易爆品及强氧化剂，禁止把实验室当作仓库使用。

（3）化学品应密封、分类、合理存放，不得将不相容的、相互作用会发生剧烈反应的化学品混放。

（4）所有化学品和配制试剂都应贴有明显标签。配制的试剂、反应产物等应标贴有名称、浓度或纯度、责任人、日期等信息。发现异常应及时检查验证，不准盲目使用。

（5）实验室应建立并及时更新化学品台账，及时清理无标签和废旧的化学品，消除安全隐患。

危险品分类存放要求有以下几条：

（1）易制毒、易制爆化学品需分类存放、专人保管，做好领取、使用、处置记录。其中，第一类易制毒品实行"五双"管理制度。易制爆化学品配备专用储存柜，具有防盗功能，实行双人双锁保管制度。

（2）剧毒品配备专门的保险柜并固定，实行双人双锁保管制度；对于高挥发性、低闪点的剧毒品应存放在具有防爆功能的冰箱内，并配备双锁；配备监控与报警装置；剧毒品使用时须有两人同时在场；剧毒品处置编制规范流程。

（3）针对化学或防火、灭火方式互相抵触的危险性化学物质，不宜在同一个储存室（柜）内存放。

（4）易爆品应与易燃品、氧化剂等隔离存放，尽量保存在防爆试剂柜、防爆冰箱或经过防爆改造的冰箱内。

（5）腐蚀品应放在专用防腐蚀试剂柜的下层；或下垫防腐蚀托盘，放在普通试剂柜的下层。

（6）还原剂、有机物等不能与氧化剂、硫酸、硝酸混放。

（7）强酸（尤其是硫酸）不能与强氧化剂的盐类（如高锰酸钾、氯酸钾等）混放；遇酸可产生有害气体的盐类（如氰化钾、硫化钠、亚硝酸钠、氯化钠、亚硫酸钠等）不能与酸混放。

（8）易产生有毒气体或刺激气味的化学品应存放在配有通风吸收装置的通风药品柜内。

3.化学品使用

（1）进行实验之前应先阅读使用化学品的安全技术说明书，了解化学品特性、影响因素与正确处理事故的方法，采取必要的防护措施。

（2）实验人员应配带防护眼镜，穿着合适的实验工作服，长衣长裤，不得穿短裤短裙以及露脚趾凉鞋。

（3）严格按实验规程进行操作，在能够达到实验目的和效果的前提下，尽量减少药品用量，或者用危险性低的药品替代危险性高的药品。

（4）使用化学品时，不可直接接触药品、品尝药品味道、把鼻子凑到容器口嗅闻药品的气味。

（5）严禁在开口容器或密闭体系中用明火加热有机溶剂，不得在普通冰箱中存放易燃有机物。

（6）使用剧毒化学品、爆炸性物品或强挥发性、刺激性、恶臭化学品时，应在通风良好的条件下进行。

（7）不得一起研磨可引起燃烧或爆炸事故的性质不相容物，如氧化剂与易燃物。

（8）易制毒化学品只能用于合法用途，严禁用于制造毒品，不挪作他用，不私自转让给其他单位或个人。

（9）为加强流向监控，使用剧毒化学品、易制毒化学品、爆炸品、易制爆化学品应逐次记录备查。

（10）禁止个人在互联网上发布危险化学品信息。

4. 化学废弃物处置

（1）化学废弃物通常有毒、有害，处理不当就会污染环境甚至造成事故，应妥善收集和处置。

（2）化学废弃物送入废弃物收集站前应严格按照规定进行分类。

（3）生活垃圾不可送入化学废弃物收集站。生活垃圾是指没有接触过化学品的各种办公垃圾、塑料袋、纸盒、卷纸、纸张、非化学药品的包装物、快递包装、泡沫、瓜皮果壳和饮料包装等。

（4）实验垃圾需送入化学废弃物收集站。实验垃圾是指实验过程中产生的、被化学药品沾染的各种垃圾物品，如使用过的一次性手套、一次性口罩、称量纸、粘有药品的卷纸、滤纸、枪头、吸管、针头、注射器、橡皮管、乳胶管、保鲜膜等。

（5）尖锐的针头等物品应专门存放。被化学污染的塑料垃圾制品不得流入废品收购站。

（6）破损的玻璃仪器（试管、量筒、烧杯、烧瓶等）应专门存放，不得和上述实验垃圾混放。

（7）废试剂瓶倒尽残液后应使用专用纸箱包装存放。

（8）化学实验废液不得倒入下水道。一般化学废液遵循兼容相存的原则，用小口带螺纹盖子的25 L白色塑料方桶分类收集，做好标识。桶口应密封良好，不能有破损。收集废液后应随时盖紧盖子（含内盖），存放位置要阴凉并远离热源、火源。废液桶盛放不得超过容量的80%。

（9）运送实验废物时，至少需两人同行，并穿着实验服，佩戴口罩和手套，做好防护。配合管理人员检查并称重，填写入库记录，粘贴危险废物标签。

（10）含卤素的有机废液、含汞的无机废液、含砷的无机废液和含一般重金属的无机废液应单独收集，不可与其他废液混存。

（11）使用剧毒品产生的残留物和剩余物应作无害化处理，不允许随意排放。

5.应急救援

发生化学安全事故，应立即报告老师，并积极采取应急救援措施，然后送往医院治疗。

（1）化学灼伤。应立即脱去沾染化学品的衣物，迅速用大量清水长时间冲洗，避免扩大烧伤面。烧伤面较小时，可先用冷水冲洗 30 min 左右，再涂抹烧伤膏；当烧伤面积较大时，可用冷水浸湿的干净衣物或纱布、毛巾、被单等敷在创面上，然后就医。处理时，应尽可能保持水疱皮的完整性，不要撕去受损的皮肤，切勿涂抹有色药物或其他物质（如红汞、牙膏等），以免影响对创面深度的判断和处理。

（2）化学腐蚀。应迅速脱去被污染的衣服，必要时可以用剪刀将衣服剪开，及时用大量清水冲洗（紧急喷淋器冲洗 15 min）或用合适的溶剂、溶液洗涤创伤面。保持创伤面的洁净，以待医务人员治疗。若溅入眼内，应立即用细水长时间（洗眼器冲洗 10 ～ 15 min）冲洗；如果只溅入单侧眼睛，冲洗时水流应避免流经未受损的眼睛。经过紧急处置后，马上到医院进行治疗。

（3）化学冻伤。应迅速脱离低温环境和冰冻物体，用 40℃左右温水将冰冻处融化后将衣物脱下或剪开，然后对冻伤部位进行复温，并尽快就医。

（4）吸入化学品中毒，应采取以下应急救援措施。

第一，采取措施切断毒源（如关闭管道阀门、堵塞泄漏的设备等），并打开门、窗，降低毒物浓度。

第二，迅速将伤员救离现场，搬至空气新鲜、流通的地方，松开领口、紧身衣服和腰带，以利于呼吸畅通，使毒物尽快排出。

第三，对心跳、呼吸停止者，现场进行人工呼吸和胸外心脏按压，同时拨打 120 求救。

第四，救护者在进入毒区抢救之前，应佩戴好防护面具和防护服。

（5）误食化学品中毒，应采取以下应急救援措施。

第一，误食一般化学品。可立即吞服牛奶、淀粉、饮水等，引吐或导泻，同时迅速送医院治疗。

第二，误食强酸。立刻饮服牛奶、水等，迅速稀释毒物，再服食 10 多个打溶的蛋做缓和剂，同时迅速送医院治疗。急救时，不要随意催吐、洗胃。

第三，误食强碱。立即饮服 500 mL 食用醋稀释液（1 份醋加 4 份水），或鲜橘子汁将其稀释，再服食蛋清、牛奶等，同时迅速送医院治疗。急救时，不要随意催吐、洗胃。

第四，误食农药。对于有机氯中毒，应立即催吐、洗胃，可用 1% ～ 5% 碳酸氢钠溶液或温水洗胃，随后灌入 60 mL 50% 硫酸镁溶液，同时迅速送医院治疗。对于有机磷中毒，一般可用 1% 食盐水或 1% ～ 2% 碳酸氢钠溶液洗胃，同时迅速送医院治疗。

（6）气体爆炸。应立即切断电源和气源、疏散人员、转移其他易爆品，拨打火警电话报警。

（五）设备安全

1.特种设备

常用特种设备主要有锅炉、压力容器、压力管道、电梯等。压力容器包括高压反应釜、高压蒸汽灭菌锅、高压气瓶等。

（1）压力设备。

①压力设备需定期检验，确保其安全有效。启用长期停用的压力容器须经过特种设备管理部门检验合格后才能使用。

②压力设备从业人员须经过培训，持证上岗，严格按照规程进行操作。使用时，人员不得离开。

③工作完毕，不可放气减压，须待容器内压力降至与大气压相等后才可开盖。

④发现异常现象，应立即停止使用，并通知设备管理人。

（2）气体钢瓶。

①使用单位需确保采购的气体钢瓶质量可靠，标识准确、完好，专瓶专用，不得擅自更改气体钢瓶的钢印和颜色标记。

②气体钢瓶存放地严禁明火，保持通风和干燥、避免阳光直射。对涉及有毒、易燃易爆气体的场所应配备必要的气体泄漏检测报警装置。

③气体钢瓶须远离热源、火源、易燃易爆和腐蚀物品，实行分类隔离存放，不得混放，不得存放在走廊和公共场所。严禁氧气与乙炔气、油脂类、易燃物品混存，阀门口绝对不许沾染油污、油脂。

④空瓶内应保留一定的剩余压力，与实瓶应分开放置，并有明显标识。

⑤气体钢瓶须直立放置，并妥善固定，防止滚动或跌倒。做好气体钢瓶和气体管路标识，有多种气体或多条管路时，需制定详细的供气管路图。

⑥开启钢瓶时，先开总阀，后开减压阀。关闭钢瓶时，先关总阀，放尽余气后，再关减压阀，切不可只关减压阀，不关总阀。

⑦使用前后，应检查气体管道、接头、开关及器具是否有泄漏，确认盛装气体类型，并做好可能造成的突发事件的应对措施。

⑧移动气体钢瓶使用手推车，切勿拖拉、滚动或滑动气体钢瓶。严禁敲击、碰撞气体钢瓶。

⑨若发现气体泄漏，应立即采取关闭气源、开窗通风、疏散人员等应急措施。切忌在易燃易爆气体泄漏时开关电源。

⑩不得使用过期、未经检验和不合格的气瓶。

2.一般设备及设施安全

使用设备前，需了解其操作程序，规范操作，采取必要的防护措施。对于精密仪器或贵重仪器，应制定操作规程，配备稳压电源、UPS 不间断电源，必要时可采用双路供电。设备使用完毕需及时清理，做好使用记录和维护工作。设备如出现故障应暂停使用，并及时报告、维修。

（1）冰箱。

①冰箱应放置在通风良好处，周围不得有热源、易燃易爆品、气瓶等，不得在冰箱附近、上面堆放影响散热的杂物。

②存放危险化学药品的冰箱应粘贴警示标识；冰箱内药品须粘贴标签，并定期清理。

③危险化学品须贮存在防爆冰箱或经过防爆改造的电子温控冰箱内。存放易挥发有机试剂的容器应加盖密封，避免试剂挥发至箱体内积聚。

④存放强酸强碱及腐蚀性的物品应选择耐腐蚀的容器，并且存放于托盘内。

⑤存放在冰箱内的容量瓶和烧瓶等重心较高的容器应加以固定，防止因开关冰箱门时造成倒伏或破裂。

⑥食品、饮料严禁存放在实验室冰箱内。

⑦若冰箱停止工作，应及时转移化学药品并妥善存放。

（2）加热设备。

①使用加热设备，应采取必要的防护措施，严格按照操作规程进行操作。使用时，人员不得离岗；使用完毕，应立即断开电源。

②加热、产热仪器设备须放置在阻燃的、稳固的实验台或地面上，不得在其周围或上方堆放易燃易爆物或杂物。

③禁止用电热设备直接烘烤溶剂、油品和试剂等易燃、可燃挥发物。若加热时会产生有毒有害气体，应放在通风柜中进行。

④应在断电的情况下，采取安全方式取放被加热的物品。

⑤实验室不允许使用明火电炉。

⑥使用管式电阻炉时，应确保导线与加热棒接触良好；含有水分的气体应先经过干燥后，方能通入炉内。

⑦使用电热枪时，不可对着人体的任何部位。

⑧使用电吹风和电热枪后，需进行自然冷却，不得阻塞或覆盖其出风口和入风口。使用结束后应及时拔掉插头。

（3）通风柜。

①通风柜内及其下方的柜子不能存放化学品。

②使用前，检查通风柜内的抽风系统和其他功能是否运作正常。若发现故障，切勿进行实验，应立即关闭柜门并联系维修人员检修。

③应在距离通风柜内至少 15 cm 的地方进行操作；操作时应尽量减少在通风柜内以及调节门前进行大幅度动作。

④切勿用物件阻挡通风柜口和柜内排气通道。

⑤定期检测通风柜的抽风能力，确保通风效果。

⑥进行实验时，人员头部以及上半身绝不可伸进通风柜内；操作人员应将玻璃视窗调节至手肘处，使胸部以上受玻璃视窗屏护。

⑦人员不操作时，应确保玻璃视窗处于关闭状态。

⑧每次使用完毕，应彻底清理工作台和仪器。对于被污染的通风柜应挂上明显的警示牌，并告知其他人员，以免造成不必要的伤害。

（4）紧急喷淋洗眼装置。

①紧急喷淋洗眼器既有喷淋系统，又有洗眼系统。

②紧急情况下，用手按压开关阀（或者脚踏），洗眼水从洗眼器自动喷出；用手拉动拉杆，水从喷淋头自动喷出。眼部和脸部的清洗至少持续 10 ～ 15 min。

③当眼睛或者面部受到化学危险品伤害时，可先用紧急洗眼器对眼睛或者面部进行紧急冲洗；当大量化学品溅洒到身上时，可先用紧急喷淋器进行全身喷淋，必要时尽快到医院治疗。

二、大气污染控制工程实验室的管理制度

（一）大气污染控制工程实验规则

实验室是进行科学研究的场所，大气污染控制工程实验有易燃、易爆、有腐蚀性或有毒的试剂和药品，在实验前应充分了解实验室规则，实验时要十分重视安全问题，集中注意力，遵守操作规程，避免事故的发生。

（1）进入实验室应保持整洁和安静；禁止在实验室内大声喧哗、追逐嬉玩和随地吐痰；禁止赤足、穿拖鞋进入实验室，实验室内严禁吸烟、吃东西，遵守实验室的各项规章制度。

（2）进入实验室先熟悉水龙头、电闸的位置和操作方法，以及灭火栓的使用方法。注意节约用水、电、气、油以及化学药品等。爱护仪器、实验设备及实验室其他设施。

（3）启用加热设备时，注意被加热物（如液体等）是否溅出，以免受到伤害。嗅闻气体时，应用手向自己的方向轻拂气体。使用电气设备时，不要用湿手接触电插销，以防触电。

（4）浓酸、浓碱具有强腐蚀性，切勿溅在衣服、皮肤上，尤其勿溅到眼睛上。稀释浓硫酸时，应将浓硫酸慢慢倒入水中，而不能将水向浓硫酸中倒，以免迸溅。

（5）实验室常用的溶剂如乙醚、乙醇、丙酮、苯等有机易燃物质，在安放和使用时，必须远离明火，取用完毕后应立即盖紧瓶塞或瓶盖。

（6）能产生有刺激性或有毒气体的实验，应在通风橱内（或通风处）进行。

（7）有毒药品（如重铬酸钾、钡盐、铅盐、砷化合物、汞化合物、氰化物等）不得进入口内或接触伤口，不能将有毒药品随便倒入下水管道。

（8）实验完毕，应洗净双手后，才可离开实验室。

（9）实验室的仪器和药品未经教师准许，不能带出实验室。因操作不慎等原因，损

坏仪器、设备，应上报登记。因违规操作，造成仪器、设备损坏，根据情节的轻重和态度由指导老师会同实验室负责人，按仪器、设备的价值酌情折价赔偿，情节严重、损失较大者，上报学校进行处理。

（10）剧毒药品的领取、使用和保管，按照相关药品管理规定执行。

（二）学生实验守则

（1）实验前应认真做好预习，明确实验目的，了解实验内容及注意事项，写出预习报告。

（2）做好实验前的准备工作，清点仪器，如发现缺损，应报告指导教师按规定向实验员补领。未经指导教师同意，不得随意移动或拿走仪器设备。

（3）实验时应保持肃静，思想集中，认真操作，仔细观察现象，积极思考问题，做好记录。

（4）保持实验室和台面清洁、整齐，废纸、废液、废金属屑等废物应存放于指定的地方，不能乱扔，更不能倒在水槽中以免水槽或下水道堵塞、腐蚀或发生意外。

（5）爱护国家财物，小心正确地使用仪器和设备，注意安全，节约水、电和药品、使用精密仪器时，必须严格按照操作规程进行，如发现故障，应立即停止使用，并及时报告指导老师，实验药品应按规定取用，取用药品后，应立即盖上瓶盖，以免弄错，放在指定地方的药品不得擅自拿走，自瓶中取出的药品不能再倒回原瓶中。

（6）实验完毕后将玻璃仪器清洗干净并放回原处，整理好桌面，经指导教师批准后方可离开。

（7）每次实验后由学生轮流值日，负责整理公用药品、仪器，打扫实验室卫生，清理实验后废物，检查水、电、煤气开关是否已关闭，关好门窗。

（8）实验室内的一切物品（如仪器、药品、产物等）均不得带离实验室。

三、实验室安全知识和意外事故处理

"安全第一，预防为主"是我国安全生产的方针，它保证有一个安全、整洁的实验环境，保护学生和实验室人员的安全和健康，正常有序地开展实验和科研工作，学生必须不断提高安全意识，掌握丰富的安全知识，严格遵守操作规程和规章制度，时刻保持高度的警惕性避免事故的发生。

学生进入大气污染控制工程实验室，应先阅读挂在墙壁上的"实验室安全守则和规章制度"和"实验室操作规程"，学生必须熟悉实验室安全知识，牢记实验室操作规范与守则，确保安全第一。

（一）实验室危险性类型

1. 火灾爆炸的危险性

实验室中会用到易燃易炸物品、高压气体钢瓶、低温液化气体、减压系统（真空干燥蒸馏等），如果处理不当，操作失灵，再遇上高温、明火、撞击、容器破裂或没有遵守安全防护要求，往往会酿成火灾爆炸事故，轻则造成人身伤害、仪器设备破损，重则造成人员伤亡、房屋破坏。

实验室常见易燃易爆物质如下所述。

（1）易燃易爆液体，如苯、甲苯、乙醇、石油醚、丙酮等。

（2）易燃易爆固体，如钾、钠等轻金属。

（3）强氧化剂，如硝酸铵、硝酸钾、高氯酸、过氧化钠、过氧化物等。

（4）压缩及液化气体，如 H、CH、液化石油气等。

2. 有毒物质的危险性

实验室经常使用各种有机溶剂，不仅易燃易爆而且有毒。在有些实验中由于化学反应也产生有毒气体，如不注意有引起中毒的可能性，有毒物质参与或有有毒物质产生的实验必须在通风橱里进行操作。

3. 触电的危险性

实验室离不开电气设备，学生应懂得如何防止触电事故或由于使用非防爆电器产生电火花引起的爆炸事故。

4. 机械伤害的危险性

实验室经常用到玻璃器皿，思想不集中造成皮肤与手指创伤、割伤也常有发生。

5. 放射线的危险性

从事放射性物质分析及 X 射线衍射分析的人员有受到放射性物质及 X 射线的伤害的可能，必须认真防护，避免放射性物质侵入和污染人体。

（二）化学药品的储藏与保管

（1）所有化学药品的容器都应贴上清晰的永久标签，以标明内容物及其潜在危险。

（2）所有化学药品都应具备物品安全数据清单（MSDS）。

（3）对于在储藏过程中不稳定或易形成过氧化物的化学药品应加注特别标记。

（4）化学药品储藏的高度应合适，通风橱内不得储存化学药品。

（5）装有腐蚀性液体的容器的储藏位置应当尽可能低，并加垫收集盘。

（6）将腐蚀性化学品、毒性化学品、有机过氧化物、易自燃和放射性物质分开储藏，标签上标明购买日期，不得储存大量易燃溶剂，用多少领用多少，以防这些化学品相互作用产生有毒烟雾，发生火灾，甚至爆炸，这类药品包括漂白剂、硝酸、高氯酸和过氧化氢等。

（7）挥发性和毒性物品需要特殊储藏，紧闭容器的盖子，未经允许实验室不得储存剧毒药品。

（三）压缩气体和气体钢瓶的使用规定

（1）压缩气体属一级危险品，包括永久气体（第一类）、液化气体（第二类）和溶解气体（第三类）。

（2）必须按照规定限制存放在实验室的钢瓶数量和压缩气体容量，实验室内严禁存放氨气。

（3）压缩气体钢瓶应当直立放置，确保单独靠实验台或墙壁放置，并用铁索固定以防倾倒。压缩气体钢瓶应当远离热源、腐蚀性材料和潜在的冲击，当气体用完或不再使用时，应将钢瓶立即退还给供应商，钢瓶转运应使用钢瓶推车并保持其直立，同时关紧阀门并卸掉两节器。

（4）压缩气体钢瓶必须在阀门和调节器完好无损的情况下和通风良好的场所使用，涉及有毒气体应增加局部通风。

（5）压力表与减压阀不可沾上油污。

（6）打开减压阀前应当擦净钢瓶阀门出口的水和尘灰。

（7）检查减压阀是否有泄漏或损坏，钢瓶内保存适量余气。

（8）钢瓶表面要有清楚的标签，注明气体名称。

（9）每次用过气体后，都应将钢瓶主阀关闭并释放减压阀内过剩的压力。

（四）实验室冰箱安全管理

（1）实验室冰箱按"谁使用，谁负责"的原则管理，各实验小组应指定专人负责本次实验过程中的冰箱使用安全，并熟悉相应应急预案。

（2）冰箱内储存物品应根据性质、用途等分类整齐摆放，标识清晰完整，空间不得过挤过满，并张贴所有存放物品清单；实验室冰箱用于存放化学品，必须提供存放化学品的清单，并为存放的危险化学品提供化学品安全技术说明书（SDS）；放入冰箱的所有试剂、样品、质控品等必须密封保存，并应做好防泄漏、防倾倒等工作；必须注明：品名、使用人及联系方式、日期等信息。冰箱内物品应定期进行清理，并有清理记录，过期试剂必须及时清理；不得在冰箱内混放化学性质相抵触的化学品；冰箱内禁止存放与实验无关的物品。

（3）存放易燃、易爆、低闪点、易挥发等危险化学品时，必须依据安全使用规程进行使用。

（4）冰箱内存放化学品应遵照"上固下液"的原则，防止上层液体化学品泄漏后污染、沾污下层化学品，液体化学品应采取防流散措施。

（5）存放教学、科研用食品、饮料、饮用水的冰箱必须在醒目位置张贴安全提示。严禁存放化学品的实验室冰箱中混放食品、饮料、饮用水等。

（五）废弃物的回收和处理

1. 固体废物

实验室废弃物是指在进行教学科研过程中产生的一些不能被利用的气体、液体和固体物质。从危害程度划分，实验室废弃物可分为生活垃圾、一般固体废弃物和危险废物。

（1）实验室生活垃圾可分为可回收垃圾、有害垃圾、玻璃陶瓷类垃圾和其他垃圾，各类垃圾均应放入指定的带有标识的容器内。

（2）实验室一般固体废弃物是指实验过程中产生的不属于危险废物的固体废物，将产生的一般固体废弃物根据《一般固体废物分类与代码》（GB/T 39198—2020）进行分类，贮存于专门的场所内，待收集到达一定储量，由学院委托专人进行运输、处置。

（3）实验室常见危险废弃物多属化学类危险废弃物，废弃物放入废液桶或废物箱前，应仔细确认放入后不会与桶中已有的化学物质发生异常反应，否则应单独暂存于另一个容器中。同时，化学类危险废弃物的外包装上须贴上"危险废物"标签，注明主要成分、危险情况、产生单位、安全措施、联系人、电话、产生日期等有关信息。

2. 水溶性废弃物

无毒的、中性的、无味道的水溶性物质可以直接倒入水槽流入下水道。强酸性或者强碱性物质在丢弃之前应被中和，并且用大量水冲洗干净，任何能够与稀酸或稀碱反应的物质，都不能随便倒入下水道。

3. 有机溶剂

废弃的有机溶剂不应倒入下水道，应倒入贴有标签的专门容器内，统一回收，集中处理，储存容器容量不得超过 10 L，需放置在实验室内固定位置。

（六）安全用电

实验室常用的标准插座为 50 Hz　220 V 的交流电，所用电线须按照国际标准的电线套色（表6-1），配备电器与插座之间的导线务必遵守此标准。

表6-1　国际标准的电线套色

导线类型	国际标准	原先标准
相线	棕色	红色
零线	蓝色	黑色
地线	绿色 / 黄色	绿色

实验室用电注意事项如下。

（1）实验室内严禁私拉私接电线。

（2）不得超负荷使用电插座。

（3）不得在同一电插座上连接多个插座并同时使用多种电器。

（4）确保所有的电线设备足以提供所需的电流。

（5）不要长期使用接线板。

（七）实验室灭火

1. 实验室灭火措施

（1）切断电源、关闭所有加热设备，快速移去附近的可燃物，关闭通风装置、减少空气流通，防止火势蔓延。

（2）立即扑灭火焰、设法隔断空气，使温度下降到可燃物的着火点以下。

（3）火势较大时，可用灭火器灭火，常用的灭火器有以下四种：

① 二氧化碳灭火器，用以扑救电器、油类和酸类火灾，不能扑救钾、钠、镁、铝等物质。

② 泡沫灭火器，适用于有机溶剂、油类着火，但不宜扑救电器火灾。

③ 干粉灭火器，适用于扑灭油类、有机物、遇水燃烧物质的火灾。

④ 1211 灭火器，适用于扑灭油类、有机溶剂、精密仪器、文物档案等火灾。

2. 实验室灭火注意事项

（1）用水灭火时注意：能与水发生猛烈作用的物质失火时，不能用水灭火，如金属钠电石、浓硫酸、五氧化二磷、过氧化物等。密度比水小、不溶于水的易燃与可燃液体，如石油烃类化合物和苯类等芳香族化合物失火燃烧时，禁止用水扑灭。溶于水或稍溶于水的易燃物与可燃液体，如醇类、醚类、酯类、酮类等失火时，可用雾状水、化学泡沫、皂化泡沫等。不溶于水、密度大于水的易燃与可燃液体，如二氧化碳引起的着火，可用水扑灭，因为水能浮在液面上将空气隔绝，禁止使用四氯化碳灭火器，对于小面积范围的着火燃烧，可用防火砂覆盖。

（2）电气设备及电线着火时，用四氯化碳灭火剂灭火，电源切断后才能用水扑救，严禁在未切断电源前用水或泡沫灭火剂扑救。

（3）回流加热时，如因冷凝效果不好，易燃蒸汽在冷凝器顶端着火，应先切断加热源再进行扑救。绝不可用塞子或其他物品堵住冷凝管口。

（4）若敞口的器皿中发生燃烧，应先切断加热源，设法盖住器皿口，隔绝空气，使火熄灭。

（5）扑灭产生有毒蒸气的火情时，要特别注意防毒。

3. 灭火器的维护

（1）灭火器要定期检查，并按规定更换药液。使用后应彻底清洗，并更换损坏的零件。

（2）使用前须检查喷嘴是否畅通，如有阻塞，应用铁丝疏通后再使用，以免造成爆炸。

（3）灭火器一定要固定放在明显的地方，不得任意移动。

（八）实验室意外事故处理

（1）灭火：若因酒精、苯或乙醚等引起着火，应立即用湿布或沙土等扑灭。若遇电气设备着火，必须先切断电源，再用泡沫式灭火器或四氯化碳灭火器灭火，实验人员衣服着火时，不可慌张跑动，否则会加强气流流动，使燃烧加剧，而应尽快脱下衣服，或在地面上翻滚或跳入水池，火被扑灭后，让病人躺下，保暖，并送医院做进一步治疗。

（2）烫伤：可用高锰酸钾溶液或苦味酸溶液揩洗灼伤处，再搽上烫伤油膏。

（3）酸伤：若强酸溅到眼睛或皮肤上，应立即用大量清水冲洗，然后用饱和碳酸氢钠溶液或者稀氨水冲洗，再用清水冲洗。最后涂上医用凡士林，并送医院做进一步治疗。

（4）碱伤：立即用大量清水冲洗，然后用硼酸或醋酸溶液（20 g/L）冲洗、清水冲洗，最后涂上医用凡士林。

（5）制伤：伤口不能用水洗，应立即用药棉擦净伤口，伤口内若有玻璃碎片，需先挑出再涂上紫药水，或红药水、碘酒，但红药水和碘酒不能同时使用，再用止血贴或纱布包扎。

（6）触电：应先切断电源，然后在必要时，进行人工呼吸。

（7）毒气：若吸入溴蒸气、氯化氢、氯等气体，可立即吸入少量酒精蒸气以解毒；若吸入硫化氢气体，会感到不适或头晕，应立即到室外呼吸新鲜空气。

（8）对伤势较重者，应立即送医院医治，任何延误都可能使治疗变得更加复杂和困难。

参考文献

[1] 李斌，王志刚，王敏玲，等．2016—2020 年烟台市大气 $PM_{2.5}$ 和 O_3 时空分布特征及协同控制探讨[C]// 中国环境科学学会 2021 年科学技术年会论文集(一).北京: 中国环境科学学会，2021:304-309.

[2] 单文坡，刘福东，贺泓．柴油车尾气中氮氧化物的催化净化[J].科学通报,2014,59(26):2540-2549.

[3] 马堂文．活性炭吸附技术在重点行业 VOCs 治理中的应用研究 [J].中国资源综合利用,2021,39(11):183-185.

[4] 栗海潮．煤矿粉尘职业危害防治技术探讨 [J].技术与市场,2021,28(11):98-99.

[5] 栗海潮．试论煤矿井下粉尘危害评价方法的优化改进 [J].冶金管理,2021(15):17,24.

[6] 李小敏．旋风除尘器的结构设计 [J].现代制造技术与装备,2021,57(6):86-88.

[7] 郝吉明，段雷．大气污染控制工程实验 [M].北京：高等教育出版社，2004.

[8] 陆建刚．大气污染控制工程实验 [M].北京：化学工业出版社，2012.

[9] 尹奇德，王利平，王琼．环境工程实验 [M].武汉：华中科技大学出版社，2009.

[10] 卞文娟，刘德启．环境工程实验 [M].南京：南京大学出版社，2011.

[11] 杨百忍，王丽萍，牛仙，等．生物滴滤塔处理氯苯废气的工艺性能 [J].化工环保,2014,34(3):201-205.

[12] 高峰，王媛，李存梅，等．活性炭表面改性及其对 CO_2 吸附性能的影响 [J].新型炭材料,2014,29(2):96-101.

[13] 段凤魁，郝吉明，王书肖，等．汽车尾气排放检测与催化转化教学实验建设 [J].实验技术与管理,2014,31(9):167-169.

[14] 刘涛，羌宁，盛力，等．建设精品实验提升大气污染控制实验教学水平 [J].实验室研究与探索,2014,33(3):142-145,149.

[15] 王建宏，朱玲，陈家庆，等．大气污染控制工程综合型实验的整合与优化 [J].中国现代教育装备,2012,143(7):69-70,73.

[16] 潘孝庆，丁红蕾，潘卫国，等．低温等离子体及协同催化降解 VOCs 研究进展 [J].应用化工,2017,46(1):176-179.

[17] 王栋，张信莉，路春美，等．微波热解制备 $\gamma-Fe_2O_3$ 催化剂及其 SCR 脱硝性能 [J]．化工学报，2014,65(12):4805-4813.

[18] 袁媛，赵永椿，张军营，等．TiO_2-硅酸铝纤维纳米复合材料光催化脱硫脱硝脱汞的实验研究 [J]．中国机电工程学报，2011,31(11):79-85.

[19] 龙千明，刘媛，范洪波，等．低温等离子体催化处理甲苯气体 [J]．化工进展，2010,29(7):1350-1357.

[20] 吴婷，杨春平，甘海明，等．气动搅拌喷射鼓泡脱硫除尘吸收塔 [J]．环境工程，2008,26(2):10-12.

[21] 房菲．汽车尾气排放检测与催化转化教学实验建设 [J]．化工设计通讯，2017,43(3):130-131.

[22] 张娇．挥发性有机废气生物滤池净化实验装置的研制 [J]．实验室科学，2017,20(1):188-190.

[23] 朱国营，刘俊新．处理乙硫醇废气生物滤池中微生物的初步鉴定 [J]．环境科学学报，2004,24(2):333-337.

[24] 侯晨涛，马广大，曹晓强．净化三苯废气生物滤池中微生物的初步鉴定 [J]．环境科学与技术，2006,29(11):37-38.

[25] 常虹，陶红．生物滤池处理苯系有机废气的研究 [J]．江苏环境科技，2007,20(6):26-28,31.

[26] 邓志华，宁平，周成，等．以磷矿石为填料的生物滴滤塔处理含挥发性脂肪酸的臭气 [J]．环境工程学报，2017,11(1):439-444.

[27] 李甲亮，张会，肖忠峰．甲苯废气吸收液的光催化氧化处理 [J]．滨州学院学报，2015,31(4):88-92.

[28] JIAN G L, ZHEN Y L, YUE C, et al. CO_2 Absorption into Aqueous Blends of Ionic Liquid and Amine in a Membrane Contactor[J]. Separation & Purification Technology, 2015,150(17):278-285.

[29] JIAN G L, CHUN T L, YUE C, et al. CO_2 Cap ture by Membrane Absorption Coupling Process: Application of Ionic Liquids[J]. Applied Energy,2014,115(15):573-581.

[30] 赵巍岩，赵挺洁，白耀东．盐酸副玫瑰苯胺分光光度法测定环境空气中的二氧化硫在实际工作中的应用 [J]．环境与发展，2014,26(4):199-200.

[31] 陈振为，尹华．四氯汞钾-盐酸副玫瑰苯胺分光光度法测定空气中二氧化硫的有关问题探讨 [J]．江苏预防医学，2009,20(4):62-63.

[32] 胡培勤，叶敏，颜平．盐酸副玫瑰苯胺法测定二氧化硫要点及改进 [J]．中华医学与健康，2004(4):6-8.

[33] 蔡慧，王建军，方东明．环境空气 SO_2 自动监测与实验室甲醛缓冲-盐酸副玫瑰苯胺分光光度法比较 [J]．仪器仪表与分析监测，2011(3):35-37.

[34] 朱秋香，张仁富．温度与时间对盐酸副玫瑰苯胺比色法检测大气二氧化硫的影响 [J]．环境污染与防治，1992,14(3):33-34.

[35] 郭洪泊. 用盐酸副玫瑰苯胺比色法测定大气中二氧化硫的某些问题 [J]. 重庆环境科学 ,1989(1):45−46.

[36] 吉可明，苏原，肖燕燕，等. 酚试剂分光光度法测定低浓度甲醛关键影响因素 [J]. 化工进展 ,2020,39(S1):281−286.

[37] 陈娜蓉. 酚试剂分光光度法测定室内甲醛的不确定度评定 [J]. 福建分析测试 ,2020,29(5):52−58.

[38] 周侃，韩益锋. 酚试剂分光光度法测甲醛含量 [J]. 数字技术与应用 ,2009(1):142.

[39] 韩长龙，韩宝武，夏亮. 酚试剂分光光度法与乙酰丙酮分光光度法测定室内环境空气中的甲醛含量对比 [J]. 节能与环保 ,2020(6):58−59.

[40] 欧阳钧. 离子色谱法测定室内空气中甲醛 [J]. 北方环境 ,2013,25(7):159−160.

[41] 曹旭静，赵爱娟. 离子色谱法测定环境空气中甲醛的方法研究 [J]. 能源环境保护 ,2015,29(6):18−19.

[42] 曹旭静. 离子色谱法测定环境空气中甲醛的方法研究 [J]. 福建分析测试 ,2015,24(3):51−53.

[43] 施亚岚，崔胜辉，许肃，等. 需求视角的中国能源消费氮氧化物排放研究 [J]. 环境科学学报 ,2014,34(10):2684−2692.

[44] SHI Y, XIA Y F, LU B H, et al. 2000—2020 年中国氮氧化物排放清单及排放趋势 (英文)[J]. Journal of Zhejiang University-Science A(Applied Physics & Engineering),2014, 15(6):454−464.

[45] 李国亮. 氮氧化物对环境的危害及污染控制技术 [J]. 山西化工 ,2019,39(5):123−124,135.

[46] 王禹苏，张蕾，陈吉浩，等. 大气中氮氧化物的危害及治理 [J]. 科技创新与应 ,2019(7):137−138.

[47] 刘小华. 基于氮氧化物危害及其防治对策 [J]. 低碳世界 ,2017(9):8−9.

[48] 杨楠，王雪. 氮氧化物污染及防治 [J]. 环境保护与循环经济 ,2010,30(11):63−67.

[49] 杜讓，朱留财. 氮氧化物污染防治的国外经验与国内应对措施 [J]. 环境保护与循环经济 ,2011,31(4):6−10.

[50] 苏涛. 大气中氮氧化物的形成及防治 [J]. 科学咨询 (决策管理),2009(6):43−44.

[51] 蒋剑春，孙康. 活性炭制备技术及应用研究综述 [J]. 林产化学与工业 ,2017,37(1):1−13.

[52] 郑婧，乔俊莲，林志芬. 活性炭的改性及吸附应用进展 [J]. 现代化工 ,2019,39(S1):53−57.

[53] 李贺军，张守阳. 新型碳材料 [J]. 新型工业化 ,2016,6(1):15−37.

[54] 许琦，侯亚芹，郭倩倩，等. 活性炭表面含氧官能团对燃煤烟气氮氧化物脱除的影响 [J]. 环境化学 ,2020,39(8):2105−2111.

[55] 杨超. 活性炭治理烟气中氮氧化物的研究 [D]. 湘潭：湘潭大学 ,2006.

[56] 庞成勇，李玉平. 用活性炭吸附法脱除氮氧化物的研究 [J]. 能源环境保护 ,2006,20(6):38−41.

[57] OHKAWA T, HIRAMOTO K, KIKUGAWA K. Standardization of Nitric Oxide Aqueous Solutions by Modified Saltzman Method[J]. Nitric Oxide,2001,5(6)515-524.

[58] 姜建军. 矿山环境管理实用指南[M]. 北京：地震出版社，2004.

[59] 丛晓春. 露天尘源风蚀污染的预测与控制技术[M]. 徐州：中国矿业大学出版社，2009.

[60] 敖天其，廖林川. 实验室安全与环境保护[M]. 成都：四川大学出版社，2015.

[61] 陆建刚. 大气污染控制工程实验[M].2 版. 北京：化学工业出版社，2016.

[62] 周丹. 环境工程专业实验指导书[M]. 南昌：江西高校出版社，2010.

[63] 祁君田，党小庆，张滨渭. 现代烟气除尘技术[M]. 北京：化学工业出版社，2008.

[64] 赵由才，赵天涛，宋立杰. 固体废物处理与资源化实验[M]. 北京：化学工业出版社，2018.

[65] 张海勇，卢爱玲，王建新. 辅助设备安装与检修问答[M]. 北京：化学工业出版社，2016.

[66] LÖFFLER F, DIETRICH H, FLATT W. Dust Collection with Bag Filters and Envelope Filters[M].Vieweg+Teubner Verlag, Wiesbaden, 1988.

[67] 廖润华，朱兆连，刘媚. 普通高等院校环境科学与工程类系列规划教材环境工程实验指导教程[M]. 北京：中国建材工业出版社，2017.

[68] 章非娟，徐竟成. 环境工程实验[M]. 北京：高等教育出版社，2006.

[69] 魏学锋，汤红妍，牛青山. 环境科学与工程实验[M]. 北京：化学工业出版社，2018.

[70] 黄学敏，张承中. 大气污染控制工程实践教程[M]. 北京：化学工业出版社，2003.

[71] 田立江，张传义. 大气污染控制工程实践教程[M]. 徐州：中国矿业大学出版社，2016.

[72] 王兵. 环境工程综合实验教程[M]. 北京：化学工业出版社，2011.

[73] 杨俊，王鹤茹. 环境工程实验指导书[M]. 武汉：中国地质大学出版社，2015.

[74] 黄翔. 空调工程[M]. 北京：机械工业出版社，2007.

[75] 赵荣. 空气调节[M].3 版. 北京：中国建筑工业出版社，1994.

[76] 陆耀庆. 实用供热空调设计手册[M].2 版. 北京：中国建筑工业出版社，2008.

[77] 朱颖心. 建筑环境学[M].2 版. 北京：中国建筑工业出版社，2005.

[78] 吴迪，苑敬唯，刘彬，等. 辽宁阜新地区风力测量服务发展研究[J]. 北京农业，2015(9):151.